U0071627

實戰
重車戰情局

TOP RIDER

流行騎士系列叢書

INDEX 目錄

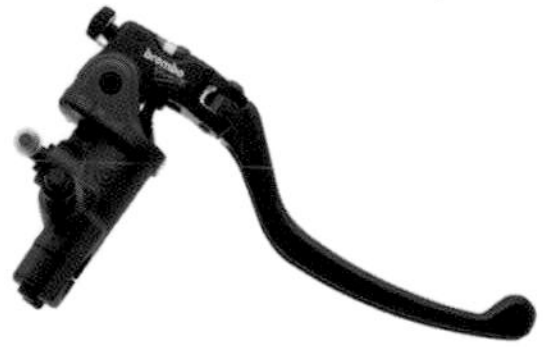

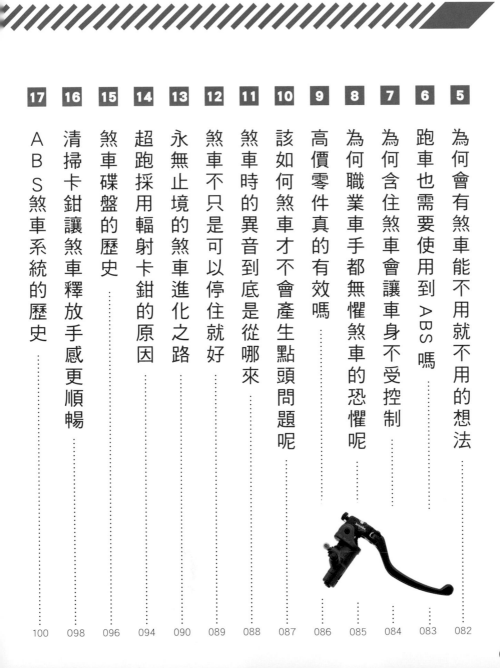

大手油門出彎擺正 112

常識

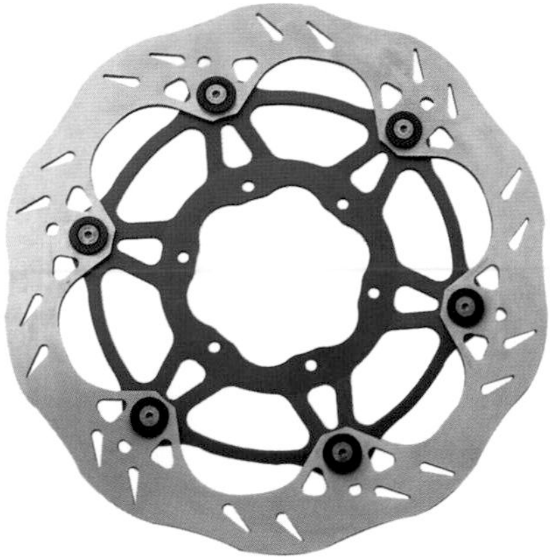

煞車的常識&非

關鍵就在於「細膩」的操縱手感

柔順的煞車效率比使勁煞車要來得好！
但老實說很難評斷自己的煞車技巧
很多大家認為理所當然的事情其實都是錯的
請忘記以前那粗暴的方式，試著溫柔地煞車吧！

POINT 1

只會用力煞車效率並不會好

煞車要用「扣動」而非「緊握」

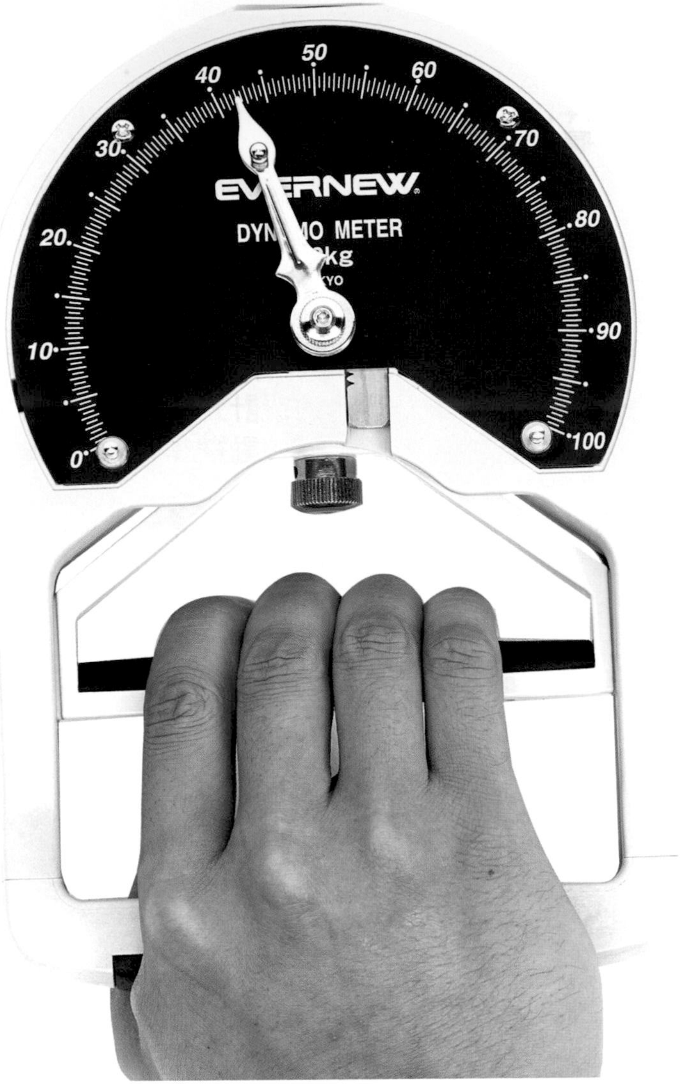

令人意外的是扣動的力量更大

大多數的騎士都是用「緊握」煞車，也許有些人認為這是再理所當然不過，但其實煞車用「扣動」的比較正確。就如同我們前面所做的結論，煞車時用「扣動」的，所獲得的煞車力道比較強。

首先希望各位注意的地方，就是握把跟煞車拉桿的間隔。不只是手掌較小的女性騎士，手掌比較大的男性也會覺得煞車桿的距離太遠；相信有些人會因此而將煞車桿調整到最接近握把的距離。其實答案就在這個地方，煞車桿的距離是依照讓人可以剛好扣住，而不是握住而設計的。

[扣動]

固定支點後將拉桿往後扣動可產生強大的力量

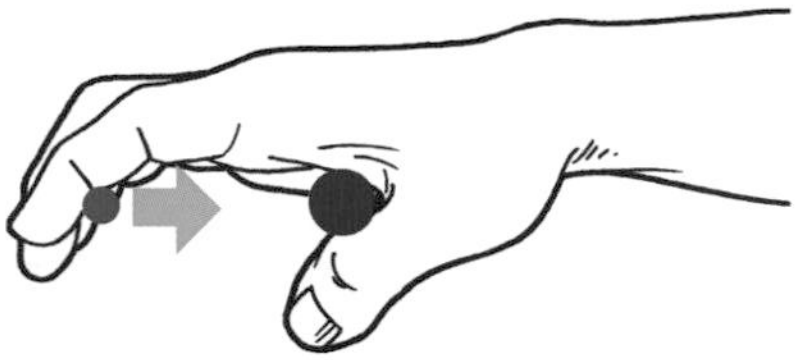

扣動煞車時，以小指和無名指根部為支點，然後將煞車拉桿向後扣動，就是煞車操作的要點。也許操作時，覺得好像會有點力量不足的情況，不過經過實驗，證明用扣動的方式，確實可以產生較大的力量。煞車時如果能以握把作為出力的支點，那麼手指的力量就不會受到分散，反而能夠集中在一個點上。也許這個操作方式對於習慣用「緊握」煞車的騎士而言有點彆扭，但是用「扣動」的方式來煞車，所產生的力量絕對比較大。

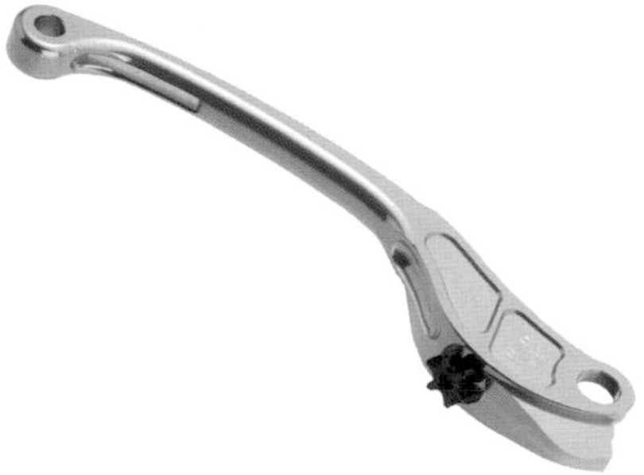

拉桿的設計方式就是以扣動操作為主

現在的煞車拉桿形狀都像是狗的後腿，這樣的設計方式是為了要讓手指頭以扣動的方式來操作。距離要調得離握把遠一點也是因為同樣的緣故，才有助於用手指頭扣動拉桿。其實只要學習「扣動」操作的方法，就知道其中的奧妙了。

降低手肘，並且讓手腕和前臂保持水平。接著以握把尾端為出力支點，並且將手指伸直，就能做出扣動煞車拉桿的動作了

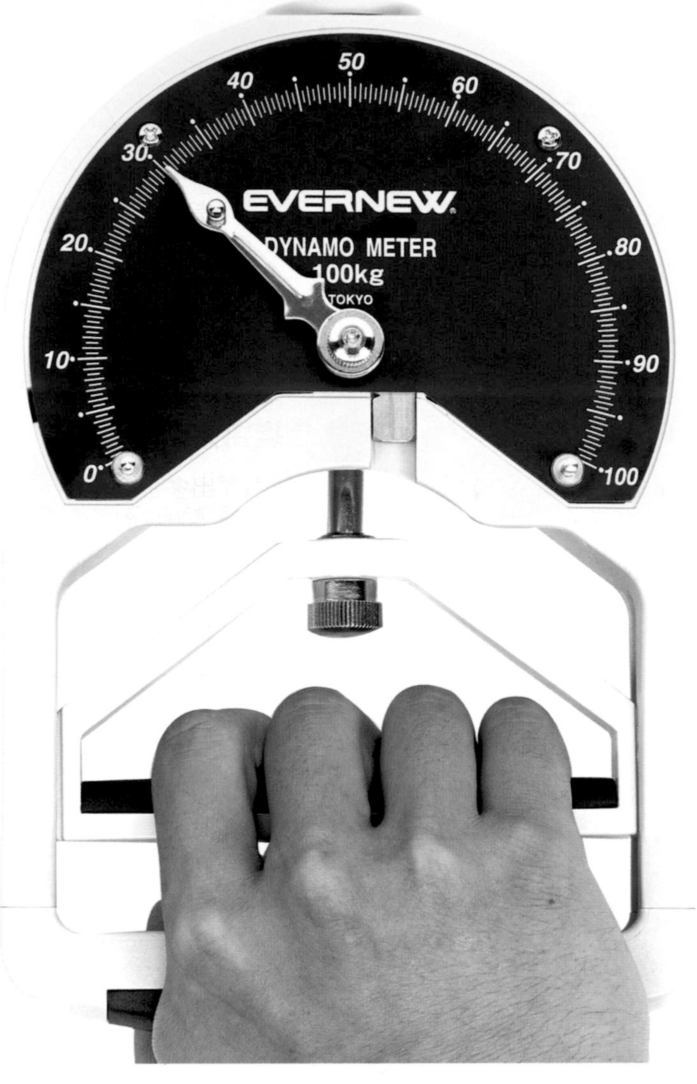

扣動操作
更容易控制力量

有趣的是多數騎士都覺得緊握的力量比扣動要來得大。有鑑於此，我們接著就用握力計來進行實驗，在實驗結束後我們發現扣動的力道比緊握要來得大。但是儘管鐵證如山，身體依舊覺得緊握的力量比較大。

另外還有一件重要的事情，就是扣動煞車的動作不僅能夠發揮出較大的力量，也比較容易進行手指力量的調整。反而緊握的煞車方式在一開始雖然很有力，但是出力的曲線從頭到尾都差不多。相較之下，扣動的煞車動作在手指用力的狀態下，手指調整出力的自由度較高。

煞車最重要的就是操控性，只有用扣動煞車的方式，才能將煞車操控的能力完全發揮出來。

[緊握]

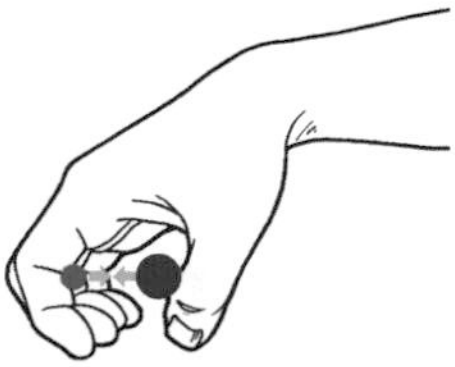

緊握時因為沒有支點 力量很容易分散

緊握煞車的力量來源主要來自於大拇指以及剩下的手指。也許緊握的方式感覺起來比較有力氣，但實際測量後發現，其出力比扣動煞車拉桿要來得少一點。這是因為緊握的動作沒有支點，所以其他的力量會被打散。即便是大拇指以及其他手指的力量相加起來，也比不過扣動的煞車力量。緊握一開始的按壓力道很大，但按壓的力道卻無法增加，這正是緊握煞車方式的最大特徵。

煞車力道到底有多少？ 又不能用力緊握……

到底要出多少力，才能產生想要的煞車力道呢？大多數的騎士都不知道怎麼去掌握自己的煞車力道。有些騎士在進彎時會慢慢煞車，等車子進入到彎道深處後，才意會到車子很有可能會彎不過去，最後就開始急按煞車。不是煞不住，就是減速過度，到底該怎麼辦呢？

死抓著握把、手肘抬起、手臂往外彎的話，手會很容易用緊握的方式操縱煞車，這麼一來煞車時就無法自由控制煞車的力道了

POINT 2

建議用兩根手指的拉桿操控方式

煞車拉桿形狀多為適合扣動煞車的「狗腿造型」，因此兩指扣動煞車才是王道

仔細觀察騎士操控煞車拉桿的方式就能發現是以食指、中指兩隻手指頭來操作，並且只有讓第一個指節扣住拉桿而已，雖然一開始不太習慣，但是這樣才能使用最大的力量，同時兼顧釋放拉桿時的力量控制

兩指扣動的方式需要耐心學習

扣動煞車的方式不僅出力大，也能夠控制好煞車力道，不過缺點就是不容易學習。假如原本就已經習慣了緊握的煞車方式，那麼一定會覺得扣動煞車的方式很礙手礙腳。接下來，介紹各位讀者一個矯正的良策，就是使用兩根手指來煞車，以及把煞車拉桿跟握把的距離調遠一點。

首先，僅用食指跟中指來扣動煞車桿，假使把無名指跟小指頭用上的話，就必定要將煞車拉桿調到離握把非常近的距離，這麼一來就會很容易回到緊握的手勢。

Column

設計成
狗腿造型的原因

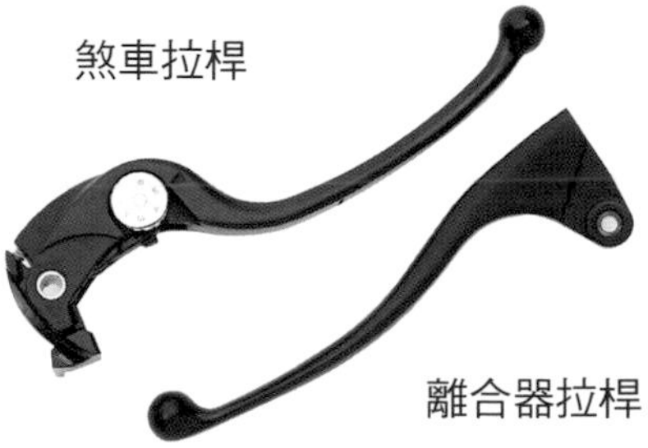

相較於外型較為直挺的離合器拉桿，煞車拉桿的造型比較彎曲，近似於「狗腿」的外型。為什麼兩者會有這種差別呢？

造型彎曲的狗腿型煞車拉桿，已經廣受各種類型摩托車的使用。不過，其實以前的街跑車所用的煞車拉桿造型是比較直挺的，所以才會有用小指、無名指、中指三根指頭來操控的方式，因此過去的摩托車改裝市場曾經將狗腿型的煞車拉桿以「省力拉桿」之名進行販售。

原本狗腿型的煞車拉桿，是為了讓越野車可以在滑胎時容易控制油門，是為這種特殊騎乘技巧而誕生的。不過後來事實證明，這種煞車拉桿用在街跑車上一樣相當好用，因此狗腿型煞車拉桿才受到廣泛運用。

原本是為了越野車而誕生的煞車拉桿，現在用在街跑車上效果一樣嚇嚇叫！

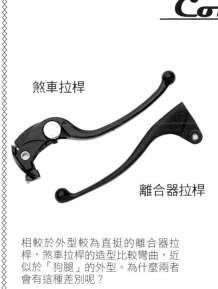

手指的擺放方式也會改變煞車的效力！

用兩根手指和第一指關節

這種方法不僅力道強大，出力也容易，雖然說一開始不好使，但只要習慣後，絕對能讓您煞車煞得安穩。

四根手指扣煞車拉桿

這種煞車方法只有一開始才能出力，也許有人會感覺這是最有力的煞車方法，但這一切都只是錯覺而已。

兩根手指扣煞車拉桿

雖然用的是兩根手指，但是煞車拉桿要是離握把比較近的話，一樣會出現煞車力道調整困難的問題。建議各位還是將煞車拉桿的距離，調得遠一點吧。

老派的煞車方式

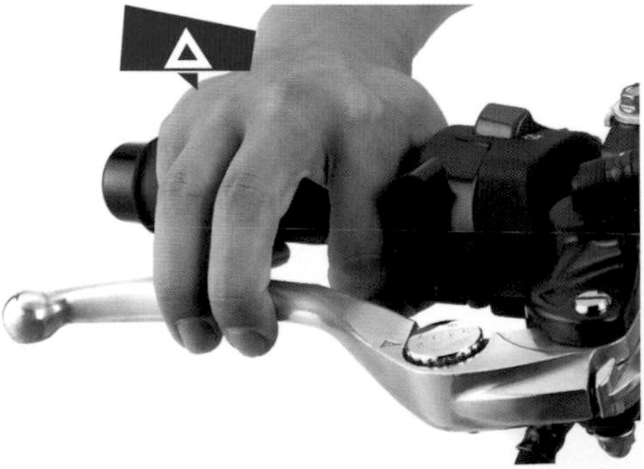

這種煞車方式方便一邊煞車，一邊進行退檔補油的動作，但是對於不習慣的人來說，這種操作方式可能難以調整煞車的力道。

煞車時千萬不能處於恐懼中

拉桿距離調整到食指指腹剛好搭在上方

接著要做的是，調整煞車拉桿的位置。首先將手肘放平伸直，手腕保持直挺，手要擺放在握把上，接著把食指跟中指伸到煞車拉桿上。在手指還沒開始扣動煞車拉桿的狀態下，食指的指腹（有指紋的部位）放在大概可以控制拉桿的上方位置，接著在這個狀態下試著去調整煞車拉桿的距離。

「這不就沒辦法扣動煞車拉桿了嗎！」請別擔心，因為煞車拉桿有按壓的遊隙，所以只要食指跟中指的第一關節部位稍微彎曲就能順順地勾到煞車拉桿。只要手指的第一關節內側跟煞車拉桿的上面以及前面的角度相合，那就沒問題了。

POINT 3

細微的調整就是重點

拉桿的移動距離只差數公釐，就會大幅度地影響煞車制動力的強弱

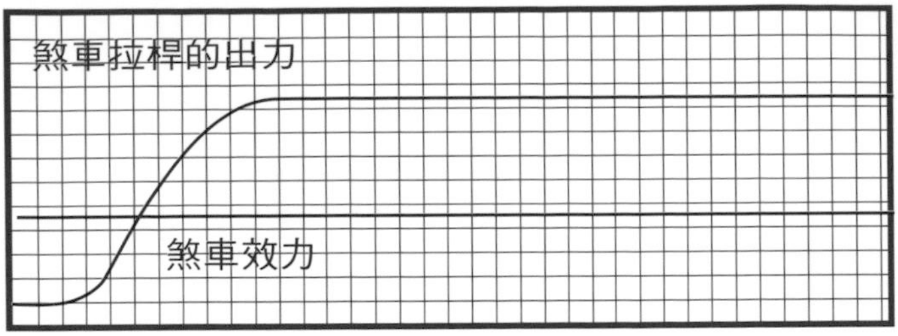

煞車碟盤要溫度上升後才會發熱

煞車系統主要藉由煞車碟盤跟來令片的摩擦來產生制動力，當碟盤溫度越高，摩擦力也會越大，所以這時只要稍微出點力，就能發現到煞車制動力會逐漸增強（這就是所謂的「輔助效果」）。總之，死扣著煞車是不可能進行煞車力道調整的

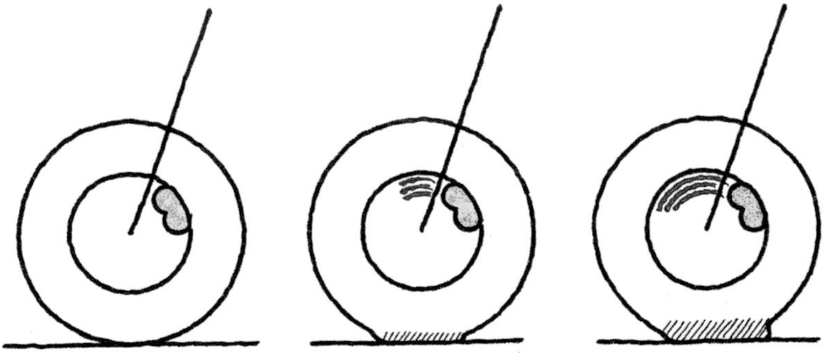

用兩根手指扣動煞車拉桿，煞車拉桿距離較遠的設定，才能一邊操控油門一邊對煞車拉桿出力。煞車拉桿要是過近，反而不容易操控

兩指扣動的方式需要耐心學習

將兩根手指彎曲扣動煞車拉桿，當煞車拉桿抵抗力增加之際，就是煞車效應產生之時，同時能發現煞車手感開始變硬。試著在這個位置用力，然後再試著稍微緩一下力，應該就能感覺到可以進行細微的煞車力道調整。煞車拉桿的移動距離只差數釐米，就會大大地影響煞車的強弱，因此細微的煞車力道調整相當重要。

一開始試驗時，必定會覺得很不自在。但只要花個一天左右熟悉，很快就能上手。這個方式不僅簡單易懂，也比四根手指緊握煞車桿要有用得多，請務必嘗試看看。

觸碰煞車拉桿的地方位於手指的第一關節，假使第二關節已經鉤上了煞車拉桿，這就是手去緊握煞車拉桿的最佳證據。這種雙人指頭相當適合處理狗腿式造型的煞車拉桿

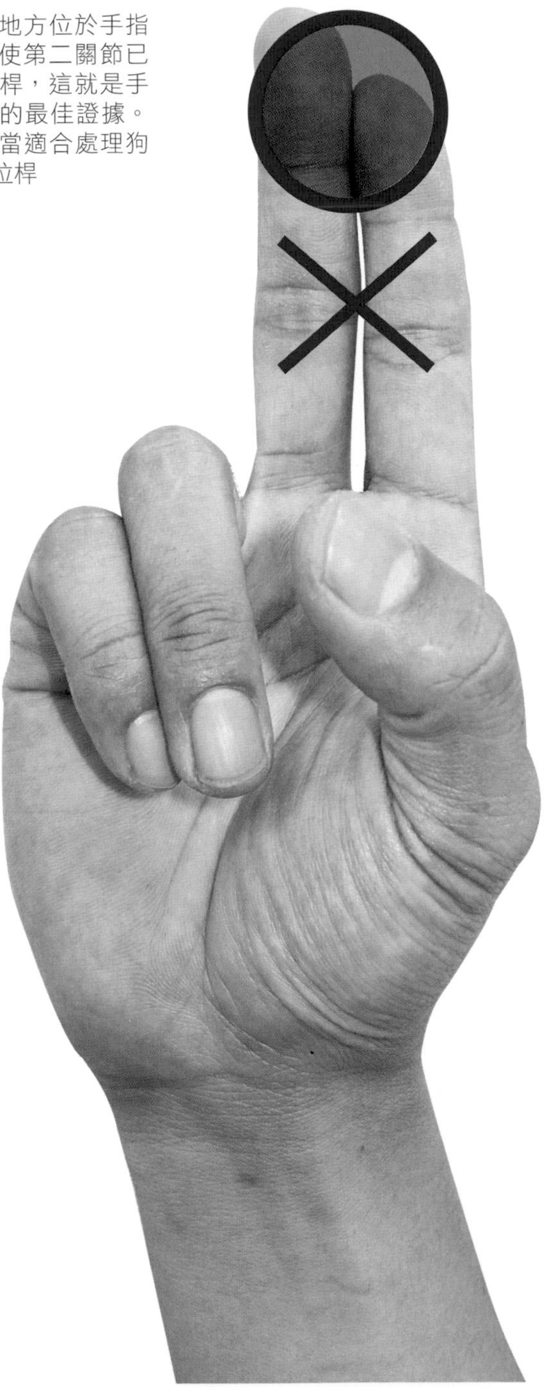

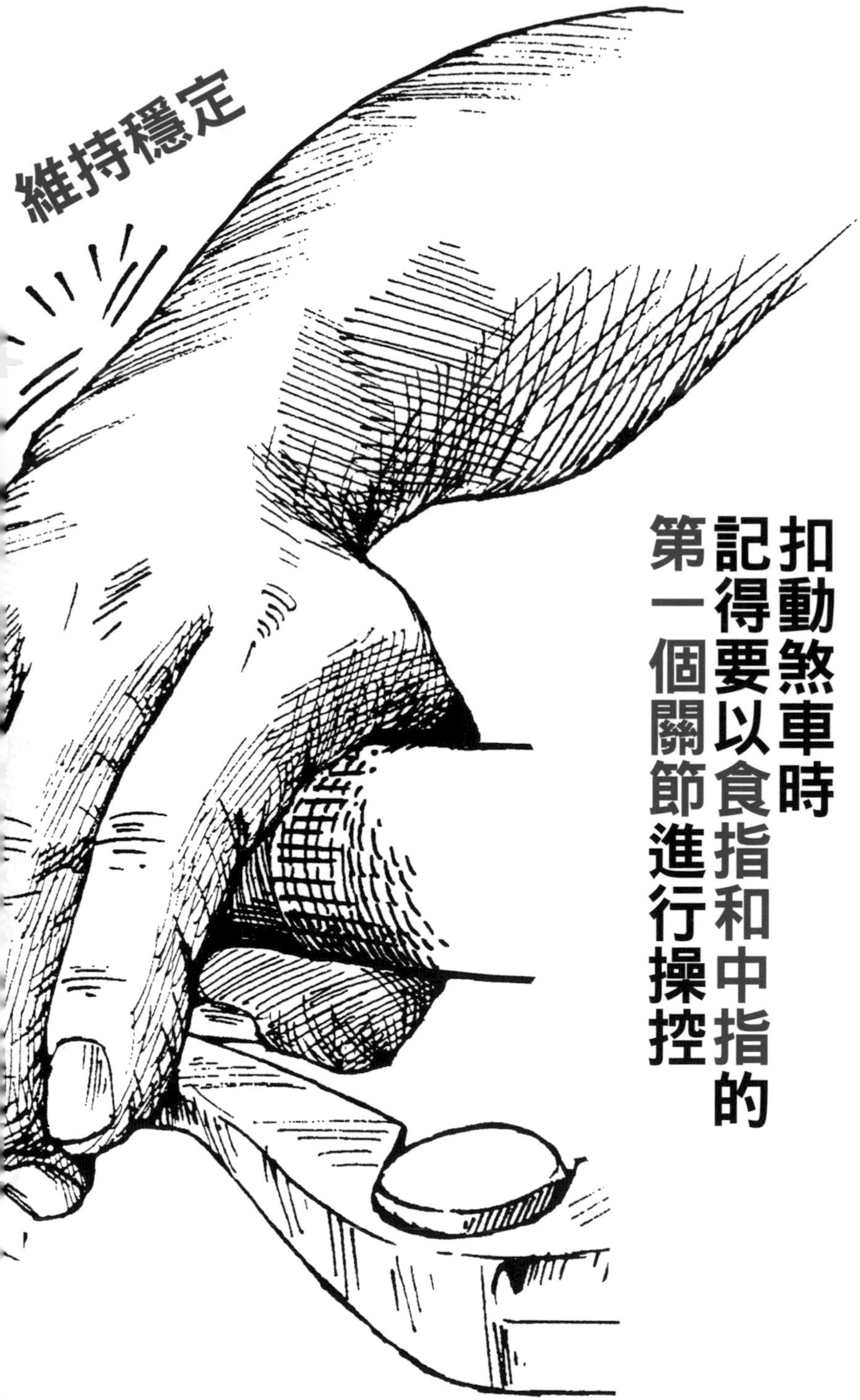
維持穩定
扣動煞車時
記得要以食指和中指的
第一個關節進行操控

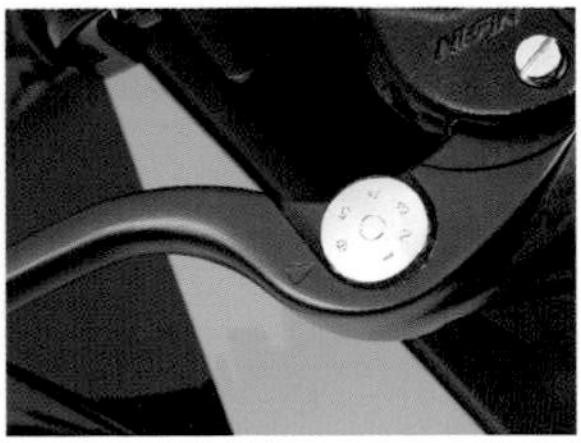

現在就連大型速克達車款都開始配備距離可調的煞車拉桿了。如果覺得一隻手不容易調整的話，只需要讓另一隻手將煞車桿拉開，就能輕鬆進行煞車拉桿距離調整了

學習扣動煞車 先從調整煞車拉桿開始

調整煞車拉桿的距離時，請以「扣動操作」為出發點將手放在握把上，並且將煞車拉桿的距離調整到手指伸直都快有點勾不到的地步。如果煞車拉桿距離握把太近的話，那麼煞車時手會很自然地回到「緊握」的姿勢

換檔八字訣 「動作放小、迅速簡潔」

大家都知道降檔時應該迅速轉開油門，讓引擎轉速配合下一個檔位，但是引擎轉速越高時降檔，需要補油的幅度也越大，如此一來只會增加操作困難度，更容易在換檔時產生頓挫。所以基本上，「退檔補油」只適用於引擎低轉的情況下

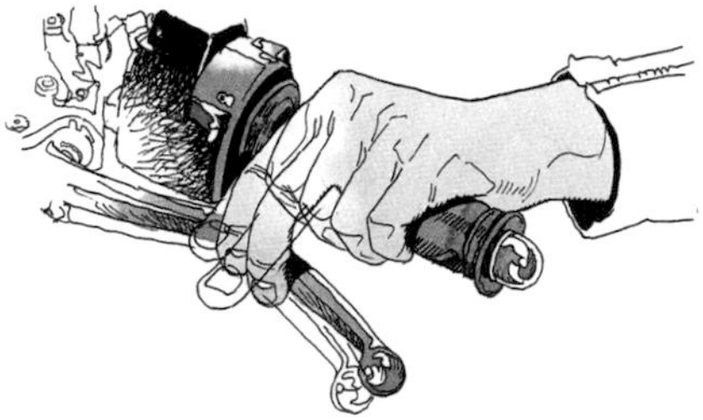

嘗試八字訣之後，效果實在相當驚人！不僅換檔時沒有產生頓挫感，而且升降檔的感覺也變得更舒適

POINT 4

學習兩指扣動的煞車技巧

只要改用兩段式煞車法，絕對讓騎士跟煞車點頭的困擾說掰掰！

不管緩煞、急煞
都會產生點頭問題

兩指扣動的方式需要耐心學習

不少騎士煞車時都會害怕，會產生這樣的恐懼，多半是因為煞車時所產生的點頭現象；不過現在的超跑車即便從最高速進入完全煞車的狀態，也能夠做到「煞車不點頭」的境界。

接下來先進行一個比對實驗，首先用慢慢地煞，然後再漸漸增強力道的煞車方式，結果是車輛出現嚴重的點頭現象。接著試著用瞬間用力的煞車方式，當然結果跟前者相去不遠，但是為什麼會產生這樣的結果呢？

其實，這個現象跟前叉的構造有很大的關聯；不論慢慢煞車或用力緊握

浮舉的後輪令騎士感到不安

因為對煞車時車的點頭效應感到恐懼
所以每次煞車時都得戰戰兢兢
甚至漸漸地不敢使用前輪煞車

前輪點頭現象
會讓後輪重心跑掉

就算後輪沒浮起，重心也早就跑掉了。在這種狀態下過彎的話，犁田的機率相當大！趕快學會正確又安全的煞車技巧吧！

的方式，都屬於持續性的煞車動作。煞車力道超過前叉及車身平衡承受的臨界點，因此車頭才會出現點頭的現象。

現在就來介紹避免車頭點頭的良方。首先扣一點煞車拉桿，取消拉桿間隙，接著再馬上平順穩定地持續勾回煞車拉桿，不過這時前叉行程依舊只下探少許，最後可以發現，這種煞車法並不會引發令人恐懼的點頭現象。

「快速扣一點煞車拉桿＋穩定回扣」，這種兩段式煞車方法也許在操縱上有點難度，不過如果煞車時是用前述的「扣動式」煞車方式的話，可以發現到在煞車效力跟操控性兼顧的情況下，這種兩段式煞車法其實還變簡單的。兩段式煞車法不僅能讓騎士更敢於操控煞車，還能提升騎乘的樂趣！

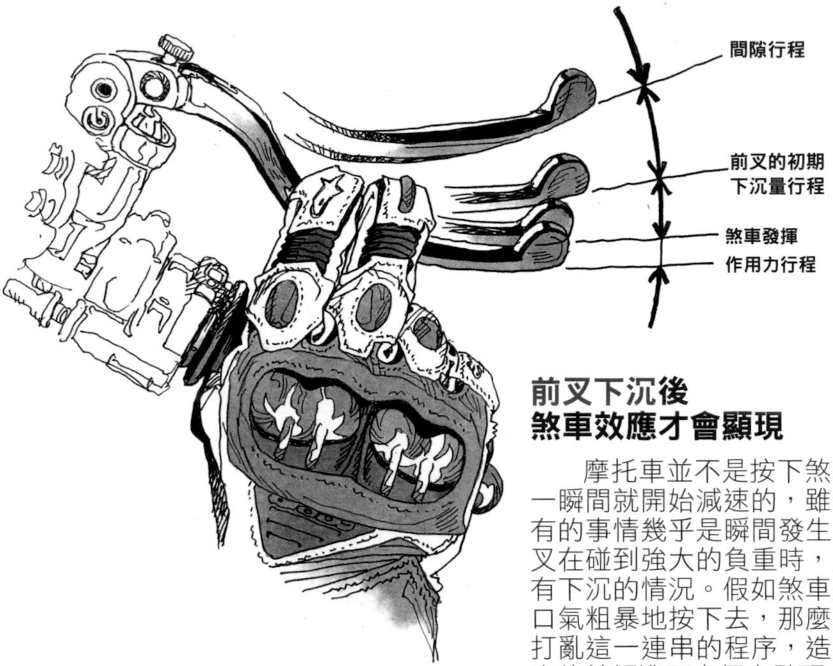
間隙行程
前叉的初期
下沉量行程
煞車發揮
作用力行程

前叉下沉後
煞車效應才會顯現

摩托車並不是按下煞車那一瞬間就開始減速的，雖然所有的事情幾乎是瞬間發生，前叉在碰到強大的負重時，更會有下沉的情況。假如煞車是一口氣粗暴地按下去，那麼只會打亂這一連串的程序，造成過度的前傾進而來個大點頭

制動力產生效應的
三個階段

第一階段是前叉在還沒煞車時的狀態，也就是車輛＋騎士的重量達到平衡，行駛時如果沒有使用煞車，就是呈現這種狀況（不過前叉會隨著路面起伏不斷上下移動）。

接著扣動煞車拉桿後，因為煞車拉桿有所謂的拉桿間隙，這一段空間沒有取消前，來令片不會接觸碟盤，所以也不會產生煞車制動力，這就是第二階段。

當來令片開始接觸碟盤的瞬間，前叉會受到制動力發揮時一起產生的反作用力所影響，開始下沉，不過這時車子還沒開始減速。接著，當制動力的反作用力和前叉回彈的力量達到平衡後，實際的制動力就會開始產生，這時前叉的壓縮狀態就跟第三階段的圖一樣

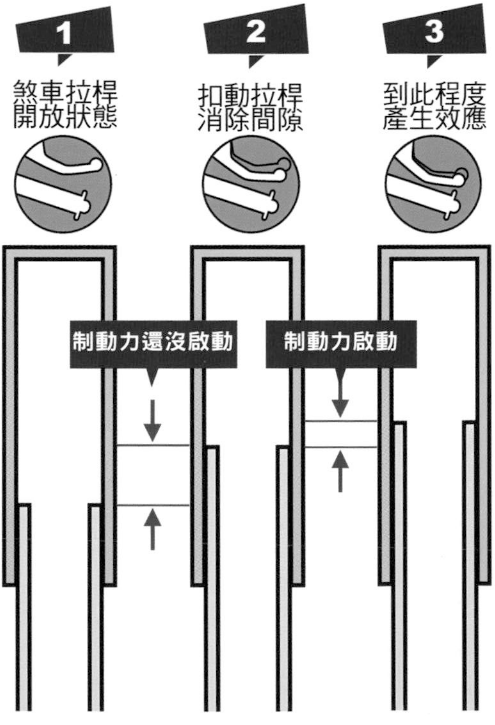
1
煞車拉桿
開放狀態
2
扣動拉桿
消除間隙
3
到此程度
產生效應
制動力還沒啟動
制動力啟動

Column

如何調整前叉才能讓煞車操控更輕鬆？

提高前叉壓縮阻尼、加強後避震器的回彈阻尼，這兩個方法雖然可以有效抑制煞車時所出現的點頭現象，但是煞車操控性卻也會隨之降低。建議減弱前叉、後懸吊的回彈阻尼強度以獲得更好的操控性，並且在煞車技巧上多下功夫才是良策。

為了行車安全別學 GP 車手的煞車方法

有不少 MotoGP 車手都是用四根手指並且猛烈地去扣動煞車拉桿，不過 GP 廠車跟市售車是兩種截然不同的車輛，廠車的煞車經過特別調校，不需要兩段式煞車，更不會出現煞車點頭的問題。所以，各位讀者們千萬別嘗試喔。

煞車時人和車呈現一個平行四邊形

不少人在煞車時為了不讓身體因為慣性而往前傾斜，反而把手伸直，但是這樣會讓重心往車頭移動，反而增強了車身點頭的力道。將姿勢轉變成平行四邊型，讓重心移到後輪側，這麼做不僅能夠保持車身的穩定，還能提升煞車的力量。

POINT 5

重點在於鬆開煞車的時刻！

釋放煞車的操控就是一門享受過彎樂趣的必修學分

卡鉗內的活塞油封劣化 放煞車時就會感覺遲鈍

使用煞車時，卡鉗活塞會推動來令片去磨擦碟盤，但是卡鉗活塞要怎麼樣才能推回來呢？其實擔負這項任務的是活塞的油封。油封會從受到推擠的狀態下將卡鉗活塞推回原位，所以一旦油封劣化，那麼在放煞車的時候，一定會感覺到煞車手感變糟了

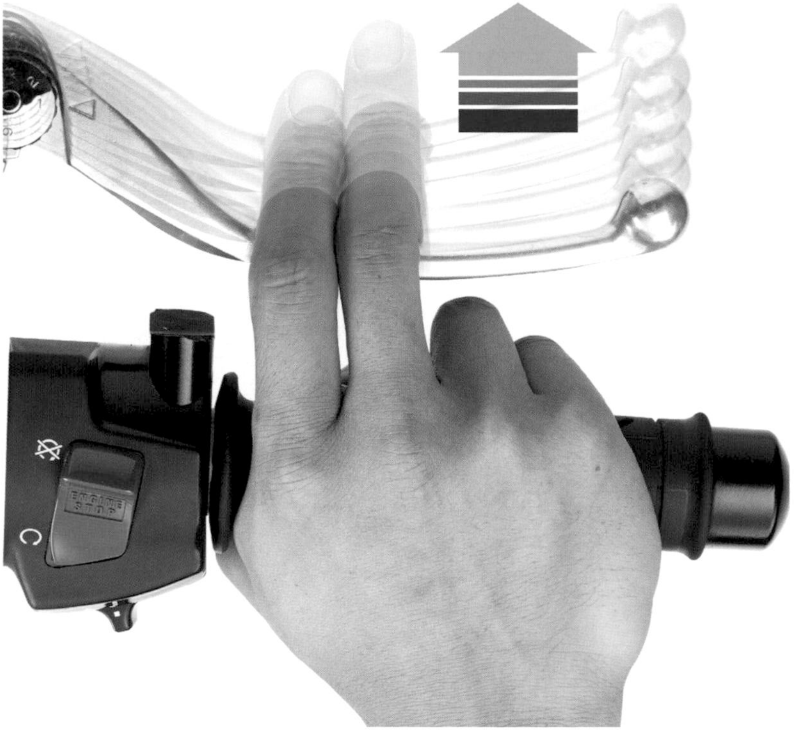

將釋放煞車當作啟動轉向的開關

如果敢於更猛更用力地操控煞車的話，那過彎一定可以更加銳利。相信很多騎士都想過這件事情，但是煞車不是無腦的用力就好，亂來的話不僅無法增加過彎速度，還會增加過彎時的危險，甚至可能發生不幸的意外，各位讀者一定要謹慎小心看待這件事情。

其實，進彎煞車的重點在於後半段的煞車動作，這裡指的是車輛到達進彎點時的煞車釋放操控。一開始將車速降低到一個程度，接著進彎前預先將過彎姿勢準備好，這時需要含著一點煞車以保持車身的穩定，一到了轉

煞車慢慢放
就能隨心所欲地過彎

想要愉快地過彎，那麼在轉向點順利地轉向就是重點了，而關鍵就在於煞車釋放得好不好。放煞車不是單純地放開就算了，稍微調整一下放開的方式，就能夠隨心所欲地過彎了

煞車釋放的動作是車輛轉向的關鍵，可以藉由煞車的釋放方式，去調整車輛傾倒的程度以及車速，所以煞車釋放可說是處理棘手彎道的秘密武器

向點後將煞車完全放開，這種感覺就像按下按鈕一樣，車子會馬上乖乖聽話地開始傾斜。

但是，一口氣將煞車整個放開來，車子只會稍微傾斜一點，而且轉向也不會如同原本預想的那般順利，這一點正是煞車釋放技巧中的難處。

「順暢緩慢地」釋放煞車，可是轉向時釋放煞車的重點，而且釋放的狀況還要配合彎道的曲率以及進彎的速度，因此釋放煞車時，還得配合眼前的情況做些調整。現在各位讀者應該瞭解其中的難處了吧。其實煞車釋放遠比延後煞車時機要來得重要多了。

如果能夠抓到煞車釋放的控制要訣，那麼相信一定能大幅提升攻略彎道時的樂趣，享受騎乘摩托車的醍醐味。

兩指扣動操作拉桿
有著強而穩固的力道

雖說用扣動的方式煞車是正確方式，不過這個方式有利於釋放煞車嗎？接著，我們就來檢驗看看當放開煞車拉桿時，扣動式跟緊握式兩者在操控性上的不同點。實驗方法是各做一次四根以及兩根手指的煞車動作，並且助手要將煞車拉桿往外拉開。究竟這兩種煞車手法中，哪一方抵擋得住呢？

結果是兩根手指扣動煞車的方法獲得了壓倒性的勝利！雖然我們這次沒有去測量拉開煞車拉桿的力量有多少，但是可以感覺得出來扣動式的煞車技巧所能夠承受的力道，比緊握式多了約三成。

而且在手指承受不住的瞬間，差距更是明顯。緊握的狀態下，在最後放開時是一口氣整個放開，

用緊握的方式操作 無法柔順地放開煞車

用緊握的方式操作根本撐不住

在用力壓下的情況下，當煞車拉桿回彈時，手只能一口氣整個放開。可以發現手在最後的放開階段，根本承受不了煞車拉桿的反彈力量，只能一口氣放開

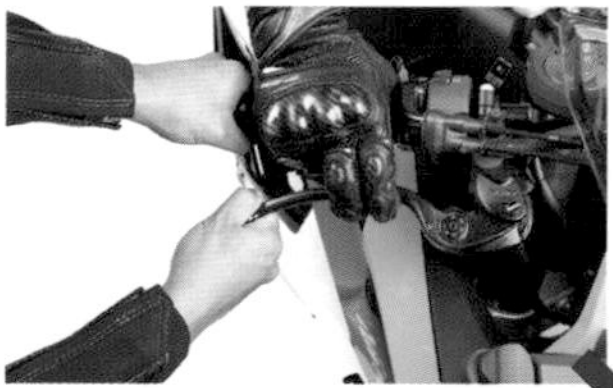

用扣動的的方式煞車有較強的施力

用扣動的方式所能承受的力道，就比緊握的方式來得強多了，而且手指可以一直保持用力到最後階段，並能夠做到慢慢放開煞車拉桿的地步

平時做好煞車零件的維修保養 就能常保良好的釋放手感

其實卡鉗活塞油封就算沒有劣化，周圍要是不乾淨的話，異物可是會破壞防塵油封或是卡鉗活塞油封，進而降低卡鉗活塞的回復力道，煞車的回復手感也會跟著惡化。要想避免這個問題，只有勤做保養才能解決了

但是扣動的狀態下則是可以做到緩慢放開，並且還能撐到最後。由於扣動的煞車手法，在放開煞車時的操控性比較高，強烈推薦各位找個朋友來試試這種感覺，相信一定會被這驚人的差距給嚇到。

POINT 6

嘗試含住煞車過彎的技巧吧！

微妙的煞車釋放技巧才能讓過彎順利帥氣

case 1

高速彎

在處理這種進彎前就看得到出彎口的高速彎時，車輛的傾角都很淺，所以轉向強不強並不重要，快速通過才是重點

Corner

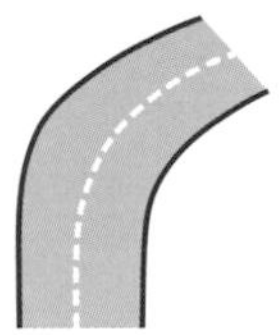

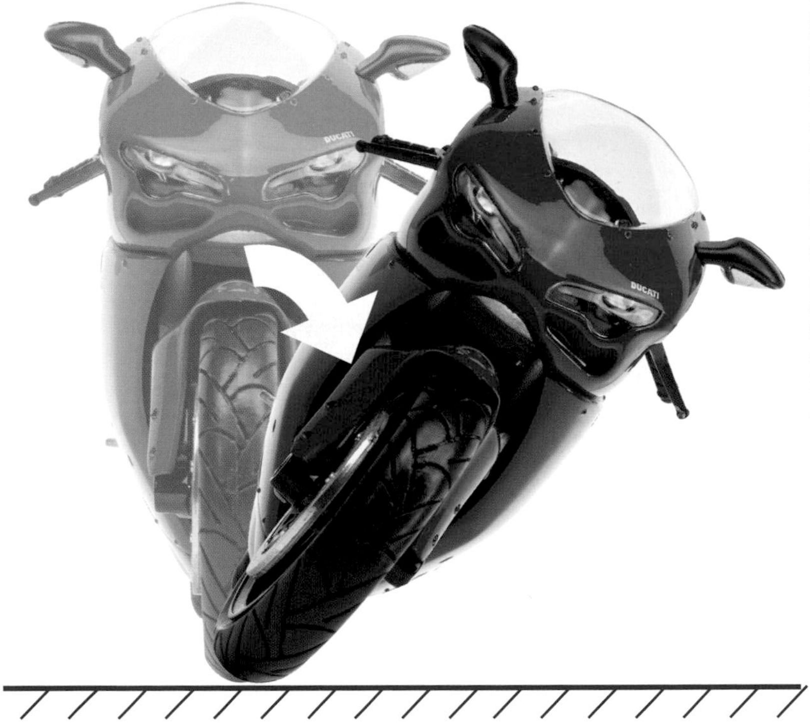

Meter

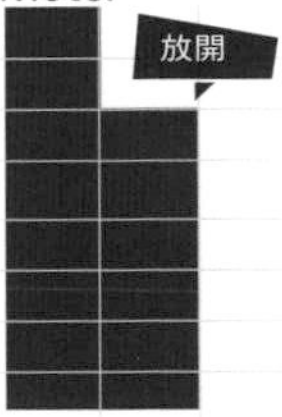

由於處理高速彎時車速快、轉向銳利，所以轉向時煞車順順地放掉，就能順利過彎了。不過，放煞車時也別放得太猛就是了

儘早把煞車釋放掉

需要銳利轉向且旋回時間短的高速彎道中，快速轉向是處理的重點。因此建議將煞車一口氣整個放掉。由於進彎前的煞車偏弱，所以一不小心就會把煞車放掉，這點要特別注意。另外最重要的是，前叉的行程要是上下位移量過多，將會成為車輛過彎時的絆腳石。

case 2

中速彎

Corner

進彎後要是不出彎就看不到彎道出口的，就屬於中速彎道。在處理這種彎道時，調好進彎速度跟過彎速度是重點中的重點

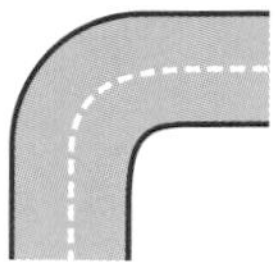

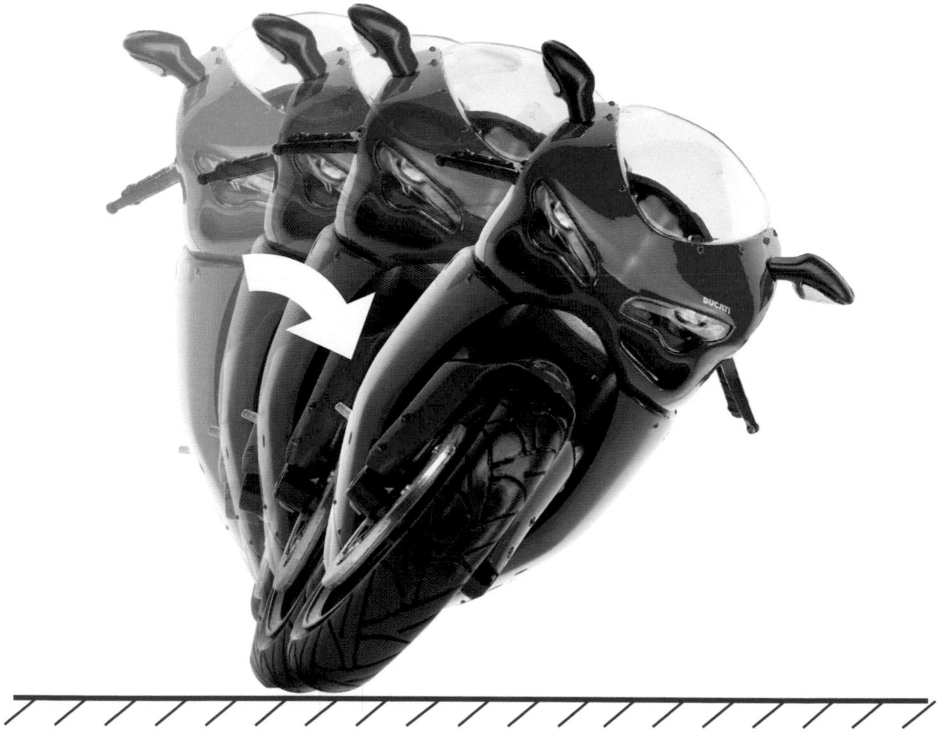

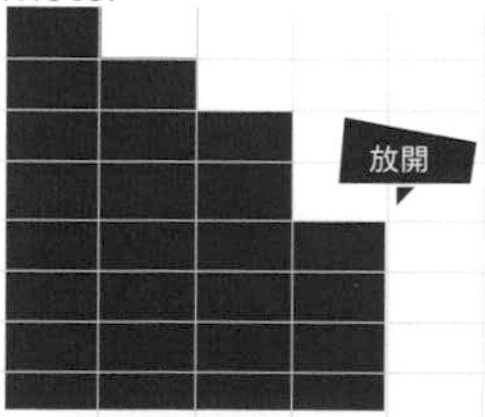

中速彎道時要加深車過彎傾角，煞車要慢慢放，切勿一次整個放掉。另外，進彎速度越快就越需要跟過彎傾角互相配合

煞車的釋放
要跟過彎速度互相配合

通常山路上會有不少90度的中速彎道。碰到這種彎道時，建議在壓車的前期稍微留一點煞車，這麼做主要為了防止車速過快摔車。當車輛的傾角到達穩定狀態後再將煞車放掉，當然放開煞車時務必要慢慢放，要是煞車放得太猛，會打亂行車動態。

case 3

Corner

髮夾彎

髮夾彎在彎道後段不僅道路狹隘，進彎點也比一般彎道深入，因此過彎力道的強弱就成了處理髮夾彎的重點

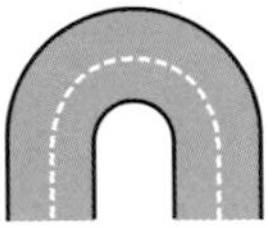

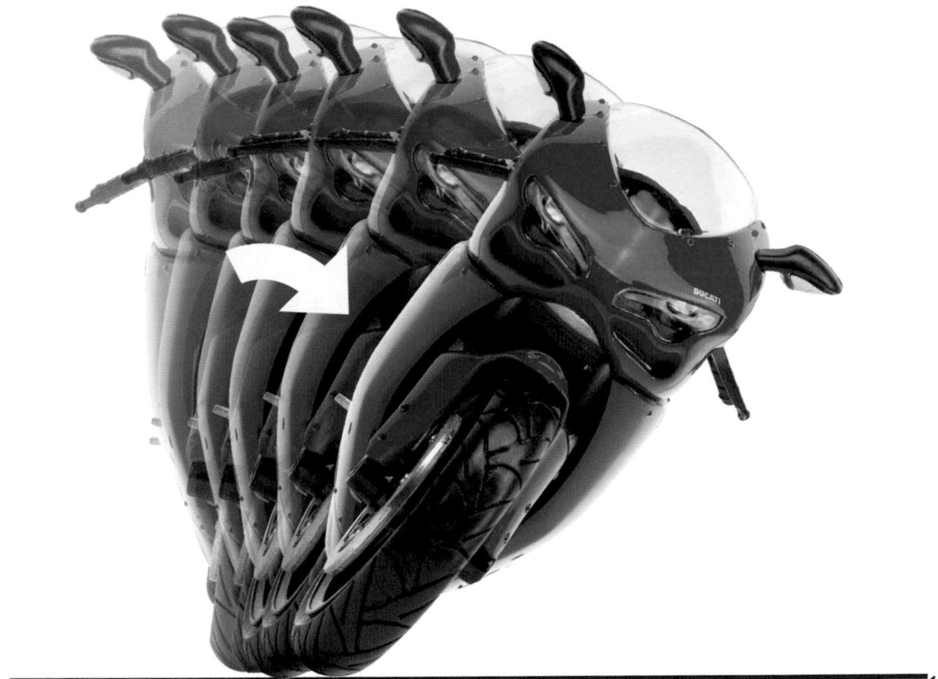

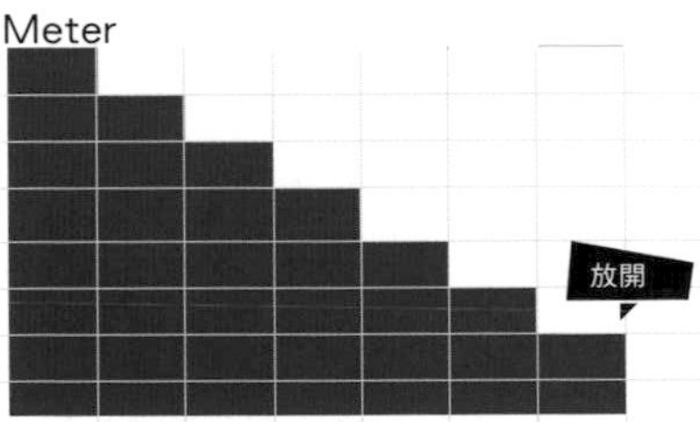

髮夾彎需要大傾角，請配合車輛的速度跟傾角慢慢地放開煞車。另外，含住煞車過髮夾彎非常危險，過彎的最後一定要放開煞車

慢慢放煞車拉桿直到最後一刻

只能用極低速且傾角極大的方式來處理的髮夾彎，不僅要花不少時間讓車子到達完全轉向，車速降低也很容易對騎士心理造成極大的壓力。建議將煞車慢慢釋放，不過要特別注意別讓車輛長時間保有一定力道的煞車；一旦煞車力保持穩定，手就會去推握把。

強大引擎煞車
妨礙過彎表現？

很多騎士都是在低檔位、高轉速下入彎之後，卻沒辦法順利過彎。因此我們就來試試將以前用二檔過的彎，改用四檔來試試看。由於進彎時過度仰賴引擎煞車，通常在進彎時都很有魄力。接著在原本應該提早開油門出彎的地方，卻因引擎轉速過高，油門反應相對敏銳，這時只要轉開油門，車輛就會爆衝，造成危險。

高轉時的引擎煞車會產生頓挫感

用2檔去處理髮夾彎會引發強大的引擎煞車，進而讓騎士做出含油門的動作，不過此時油門的反應敏銳，想多開一度油門都很困難。

不依賴引擎煞車的低轉過彎方式

試著用4檔去處理彎道後，發現雖然一開始因沒有引擎煞車而感到不安，但感覺這種跑法更能讓自己發揮出更強的過彎性能。

這些東西也會影響到煞車釋放的手感

許多零件都都會在騎士不知道的情況下影響煞車手感，光是將煞車卡鉗的固定螺絲改成鈦合金，就能提升煞車的剛性，煞車手感也會跟著改變，這也是改裝的樂趣之一

POINT 7

細膩釋放煞車的真意

煞車釋放的成功與否只有一線之隔

隨機應變地攻略每個彎道

進彎後放開煞車的瞬間，車輛就會開始傾斜。可是話又說回來，每個彎道都會有些許不同；雖然過彎的時間可能不過零點幾秒，但是傾角、車速、轉向強度等等也都是需要考慮的範圍。煞車釋放就是調整這一切的關鍵，差之毫釐失之千里；例如進行重心移動的時候，騎士只要做錯一個地方，那麼整個過彎的感覺就會不對了。

在煞車釋放的部份中，最容易受到誤解的就是「進彎帶煞」跟「進彎留一點煞車」這兩個專有名詞了。相信一定有人還記得，比較古早的騎乘教

其實彎道的處理不外乎「因地制宜」瞭解這句話的意思後請務必要去感受不同過彎方式的差異性

學都會講說「帶煞帶到彎頂點」這件事情，不過進彎帶煞跟進彎留一點煞車的意義完全不一樣。

「進彎帶煞」指的是騎乘時，將煞車的效力保持在一定的程度。相較之下，「進彎留一點煞車」的意義並非是一口氣將煞車整個放掉，而是進彎時慢慢放開煞車以降低煞車力道。簡單來說，就是延長釋放煞車的時間。

由於彎道的處理必須要依照眼前的狀況才能進行，因此才會使用「煞車釋放」這個名詞，這一點跟煞車要煞到何種地步的「進彎帶煞」有很多的不同。

也許有點難懂，但其實彎道的處理不外乎「因地制宜」這個訣竅；等瞭解這句話的意思後，請一定要去感受不同過彎方式的差異性。

Column

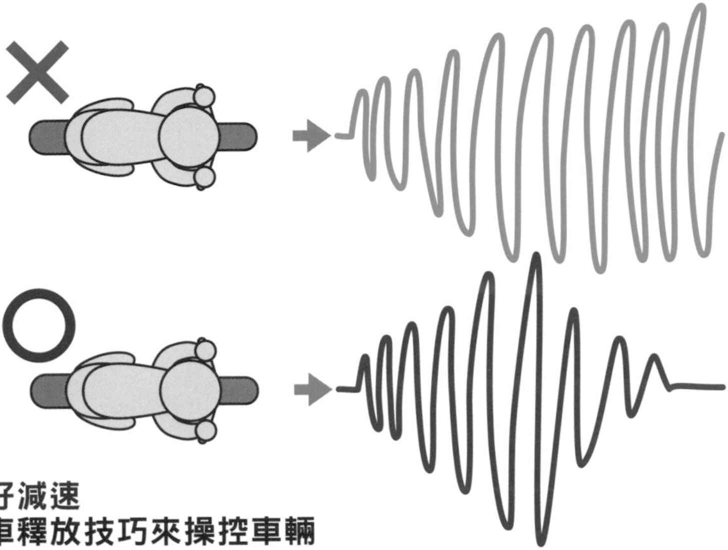

盡快做好減速
利用煞車釋放技巧來操控車輛

轉向點跟進彎速度的搭配可說相當困難，因此建議進彎前先儘早減好速，然後再靠著煞車釋放的技巧來調整車速並且同時準備進行車輛的轉向。在這個處理技巧熟捻之前建議將煞車的程序分為減速以及轉向兩個階段（如果一開始車速減太多，再催點油門救回來）。不過最重要最重要的事情就是，到達轉向點後一定要把煞車放開來。

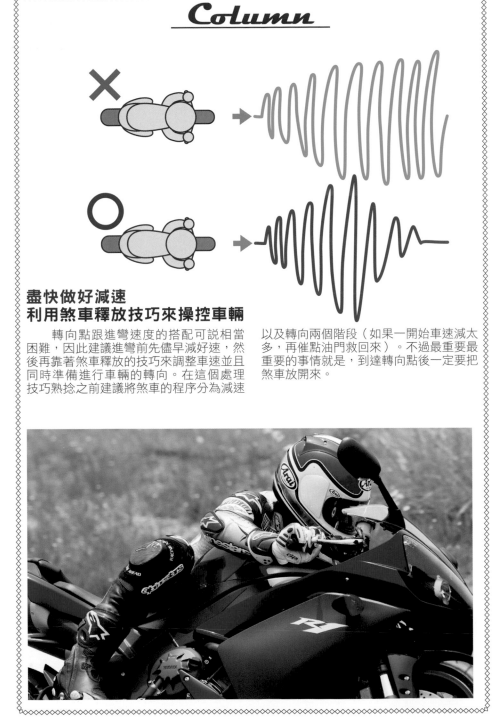

Column

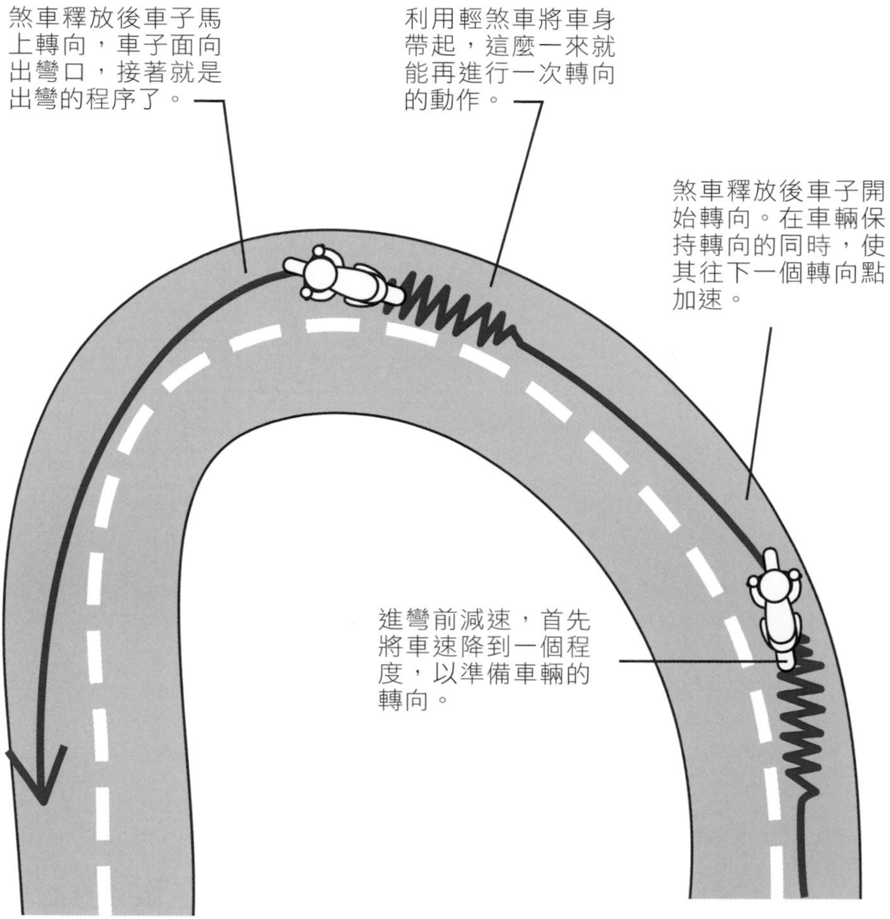
煞車釋放後車子馬上轉向，車子面向出彎口，接著就是出彎的程序了。
利用輕煞車將車身帶起，這麼一來就能再進行一次轉向的動作。
煞車釋放後車子開始轉向。在車輛保持轉向的同時，使其往下一個轉向點加速。
進彎前減速，首先將車速降到一個程度，以準備車輛的轉向。

彎道中帶點輕煞的技巧

假如能夠掌握輕煞車跟煞車釋放的技巧，那麼絕對有利於彎道的處理。

例如上圖所示的複合式彎道示意圖，所謂的複合式彎道就是彎道曲率突然改變，在後半段變得更刁鑽，可是在彎道中間加深壓車傾角，迴旋半徑也不會改變，所以處理這種彎道可以輕點前輪煞車將車身擺正，然後再度改變車輛的行徑方向。

另外在處理高速但是彎道曲率大且長度偏長的彎道時，可以多次利用輕煞車以及釋放煞車轉向的技巧，讓過彎取線成為一個多角形，以利過彎。

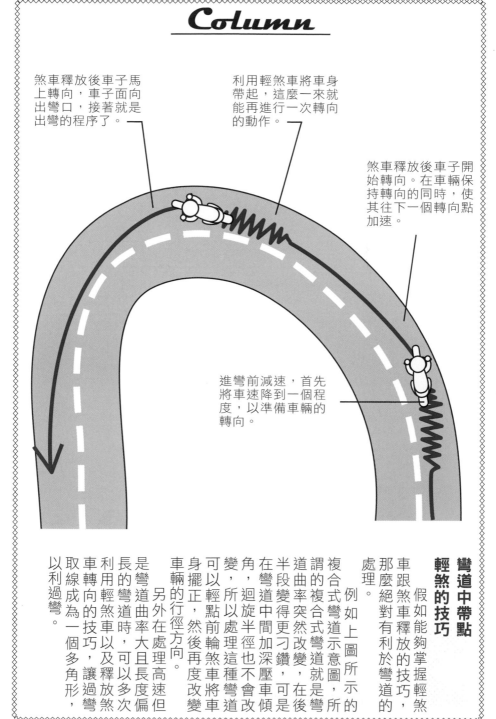

POINT 8

究竟是否該使用後輪煞車

只靠前輪煞車就夠了嗎？

後輪煞車還是有其優點

其實，現代摩托車的前煞效能已經算相當強了，老實說不用後煞車一樣能把車子煞得很好。因為覺得後煞車難以進行細膩的操控，所以就乾脆少用的騎士可是不在少數；就連一些年紀稍大的騎士，都曾經有過後煞車煞到鎖死的恐怖經驗。因為這些種種不利的因素，造成現在不少騎士乾脆就直接把後煞車打入冷宮。但是，這樣真的好嗎？

當然是不好啦，畢竟後煞車可以提升車輛的穩定性，還可以當作車身動態控制器來用，實際上後煞車是個相當方便的工具。

說到後煞車的實際功能，像是減緩煞車時所產生的車頭點頭現象就是一例。當後煞車開始使用後，後輪側就會開始進行下沉，所以煞車時如果前後煞車一起來的話就能夠有效減緩煞車的點頭現象，並且幫助車身緊緊地黏在路面上，增加車輛穩定性。

另外在要停紅綠燈時，如能在車輛停下來的前一刻放開前煞車，改用後煞車並且煞到車子煞停為止，那麼車輛就能停得相當平順喔。

另外過彎的時候，如能在彎道的前半段帶點後煞的話，在出彎時就能夠藉由輕帶後煞的動作將鏈條跟齒盤間的咬合效應（指鏈條的遊隙從負向牽引力轉往正向牽引力時的動態）給抵消掉。車輛這時不僅不會產生不良動態，還能夠順暢地加速（這可是連職業車手都會用的超實用技巧）。

另外，現在超跑車上的後煞車，主要是拿來控制車身動態，所以真想用後煞鎖死後輪，那還要看運氣。無罩街車的後煞車雖然會鎖死，但是不特別用力其實也很難出現鎖死的狀況。總之，今日的後煞車遠比過去的設計要來得安全多了，這麼好的東西不用真是太可惜了。

而且隨著時代進步，現代新推出的車款大都搭載了先進的ABS煞車系統，這個全名為Anti-Lock Brake System，白話說就是預防強力煞車制動後發生車輪鎖死的系統裝置。在雨天路面濕滑狀態下，或者是在地面堆積沙粒而容易導致滑倒的路面狀態下騎乘時可以避免輪胎打滑，讓騎士在操駕時更加安心，也能更專心享受騎乘樂趣。

但是要注意的是，ABS煞車系統也不是萬能的，如果不當操作，刻意猛烈的緊急煞車，或是壓車傾斜的時候經過水坑又大手急煞的話，還是有轉倒的危險，千萬不要覺得自己有ABS煞車系統就萬無一失了，使用時需要多加注意，才能長保騎乘安全。

摩托車ABS的始祖BMW 至今仍不斷持續進化

BMW車系是全世界最早將ABS煞車系統列為市售車款的標準配備。並且持續不斷進行研究開發。現在又開發出越野騎乘時可關閉ABS功能的系統，讓ABS的功能更加彈性而保護更加擴大

如何將後輪煞車控制自如？

要用腳將後煞車控制到跟手一樣好，可說相當困難，不過這裡有個不錯的好方法。可以由上往下地循序漸進，等熟悉之後就能隨心所欲地操控後輪煞車了

煞車時僅有前腳掌出力的狀況下，腳跟會出現浮起的現象，甚至會失去出力支點，而且還無法控制煞車的強弱，想大力煞車是更不可能的。

將腳跟放置在腳踏上，接著讓腳往下出力，以腳跟作為支點讓前腳掌對煞車踏板使力，當力量確實進入後，車輛的操控性就會完全發揮出來了。

腳掌正中央放在腳踏上，以此順勢為軸心進行煞車踏板的操控，不過在技巧尚未純熟的情況下，也會出現一點腳跟浮起的現象。

操控煞車時支點最重要

不管是前輪還是後輪，操控煞車最重要的就是要有支點。

就像駕駛汽車時，大家都是腳跟著地的狀態下來踩油門踏板吧，這樣才能微調煞車力道，試想如果用腳跟離地的方式踩煞車踏板的話會發生什麼是呢？一定沒辦法細膩地控制力量。

同理可證，操作摩托車的後輪煞車也需要一個支點，不管是用足弓或是腳跟踩在腳踏上，重點都在於使用煞車時不要讓腳上浮，避免失去施力時的支點。

不論日系或歐系車廠，其超跑系的車款都有在後煞車方面，對動態控制能力特別做強化。

現代超跑的後輪煞車已經不容易鎖死了

如果是騎過1980年代仿賽車的騎士，對於後輪煞車的印象應該都會是隨便輕輕點一下就可能會突然鎖死打滑吧。

根深蒂固的觀念一直到了現在都無法扭轉，還是覺得後輪煞車能免則免，或是乾脆完全忽略後輪煞車的作用。

可是對於現在的超跑來說，就算用腳跟去大力踩下後輪煞車踏桿，其實也很難出現後輪鎖死的狀況。

現在後煞車的主要任務，早已從制動力的發揮轉成控制車身的行進動態，例如進彎前可以先輕點後輪煞車後再使用前輪煞車，讓車身在煞車階段和進彎時更加穩定，所以不用的話實在太可惜了。

POINT 9

提升煞車技巧的改裝選擇

改裝改得好，可是能夠大幅提升煞車能力的喔

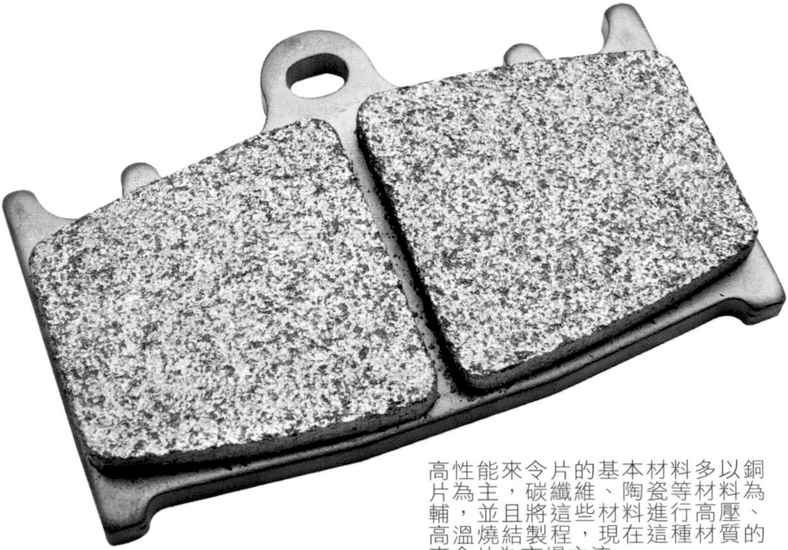

高性能來令片的基本材料多以銅片為主，碳纖維、陶瓷等材料為輔，並且將這些材料進行高壓、高溫燒結製程，現在這種材質的來令片為市場主流

煞車效力的啟動 會因來令片種類而有差異

扣動拉桿就會產生制動力，可是煞車效力出現得早，出現得晚，還是從頭到尾都保有一定程度的煞車效力，那就是高性能煞車來令片才有的特色了。每位騎士所喜愛的煞車效力(不光指制動力)可是因人而異，就像車輛操控靠避震器的調校那樣，改裝煞車時如能從煞車來令片開始，找出自己偏好的煞車感覺，那就算是踏出成功的第一步了。

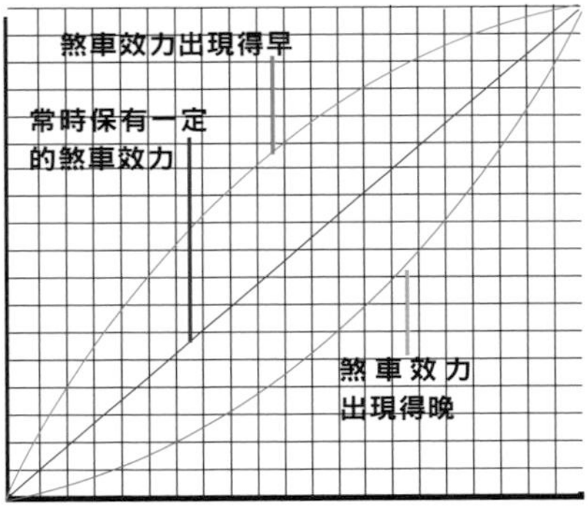

隨機應變地 攻略每個彎道

一般人一聽到改裝煞車，多半直接聯想到提升制動力，但是現在跑車上所配備的煞車已經具有足夠的效能了。所以，現在煞車改裝主要針對的，就是煞車操控性以及手感。

例如煞車來令片，依照種類的不同，其煞車性能發揮的時機也有所不同。煞車來令片沒有什麼所謂的好或不好，只有適合不適合的問題；如果改到一組適合自己的煞車來令片，那麼一定能夠增加騎乘樂趣的。

另外，將煞車總泵更換成直推式煞車總泵，也是另一種提升煞車操控性能的改裝方法。現在的控

選擇高性能煞車來令片重點在於各自的操控性

ZCOO TYPE-C

有著平均優異的操控性。還擁有優秀的煞車釋放操控性，以及煞車效力不易衰退這兩個特色，深受市場喜愛。

Metallico Spec 3

制動力在初期便完全湧出，手感偏硬。其操控性良好，煞車鎖死的前一刻都還能操控，所以即便是煞到底也不會讓人感到不安。

Vesrah RJL006

偏向初期湧現制動力，操縱性能良好，一般市區到賽道皆可應付。此外釋放煞車時，煞車效力不會瞬間消失，頗讓人放心。

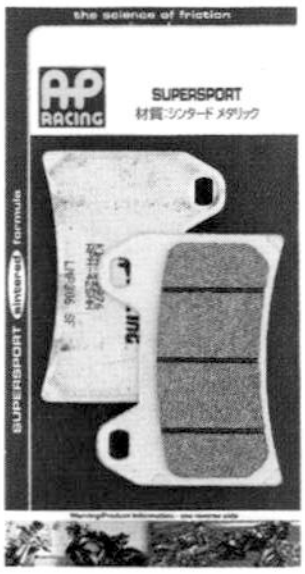

AP RACING

煞車力道偏向後期湧現。在高速行車的狀態下，即便煞車碟盤的溫度上升，煞車效力也不容易衰退。

ENDLESS

使用的感覺就像用手去夾碟盤似地順暢。讓騎士在過彎時也能操控煞車，優異的行車動態控制，也是優點。

FERODO

特色是混有氨基鉀酸酯材質，輕盈操控下，所湧現的驚人煞車力道是其特色。這款煞車來令片，比較適合賽道使用。

無罩街車以及稍微有點年紀的仿賽車，大都是配備側推式煞車總泵；如果各位的愛車是側推式煞車總泵，在改成直推式煞車總泵後，一定會發現到其驚人的操控性。直推式煞車總泵不僅有利於扣動煞車拉桿，還能夠細膩地處理釋放煞車的動作。一換上直推式煞車總泵，一定能夠讓你馬上感覺到自己的煞車技巧提升了不少。

其實，煞車改裝是門相當深奧的學問，不過改裝時也要量力而為，建議改裝時跟店家一同討論是比較好的方法。另外，煞車系統是相當重要的人身安全零件，所以建議更換煞車時，全部交由店家處理為佳。如果只是因為想嘗試更換零件的樂趣，建議還是找別的來試，因為煞車好壞會影響到生命安全，最好別開玩笑啊。

Column

側推式煞車總泵

煞車拉桿的出力方向會轉換90度後，傳達到煞車總泵上；體積小、價格低廉是其優點。除了一些頂級旗艦車款之外，其他大多數摩托車的原廠都採用這種形式的總泵。

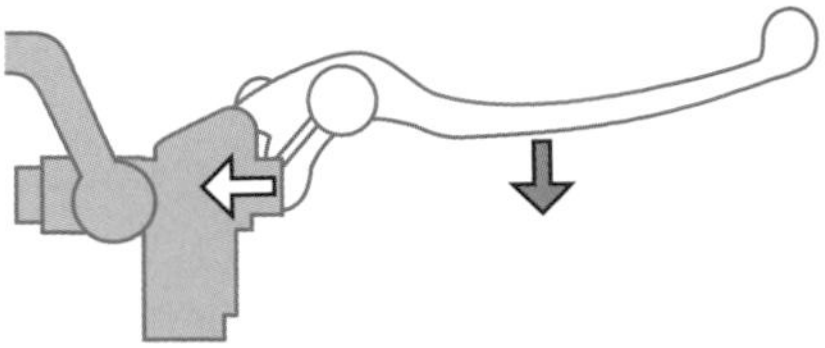

直推式煞車總泵

超線性、超直接的手感是其特色，可以更精準、細膩地進行力道的調控，所以也是許多車友改裝的選擇，另外煞車拉桿比以及總泵活塞尺寸，都比側推式要來得大。

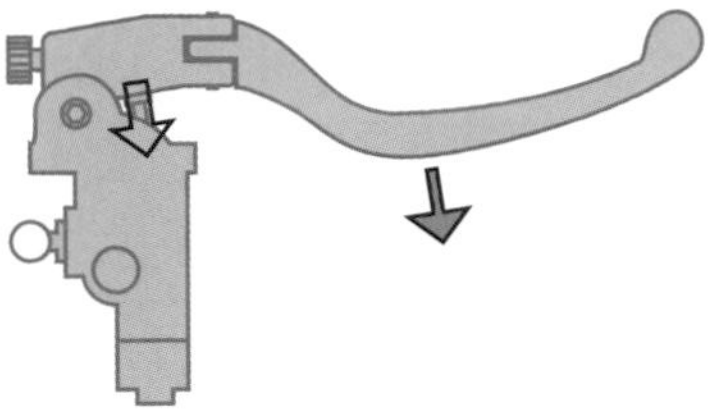

直推式煞車總泵已經成了煞車改裝的必改項目

提到改裝煞車，就不可能不想到直推式煞車總泵，這種形式的優點，就在於讓騎士「扣動多少煞車拉桿，就有多少制動力的輸出」。手感極為直接和線性，也讓騎士可以更細膩地控制煞車力量的輸出，因此受到許多車友的喜愛。就構造面來說，總泵活塞的尺寸、拉桿比都比側推式來得大，所以可操控的範圍相當廣，這也是其優點之一。

原本直推式煞車總泵是賽車專用的，不過近年來已經成為市售仿賽車的標準配備了。假如您的愛車還是側推式煞車總泵的話，強烈建議將之改裝成直推式煞車總泵，C/P值相當高，絕對不會令人失望。

單體切削輻射式煞車卡鉗的製作流程

← 1

首先將整塊鋁塊放入到電腦切削機上，電腦會依照設計圖切出雛形。

← 2

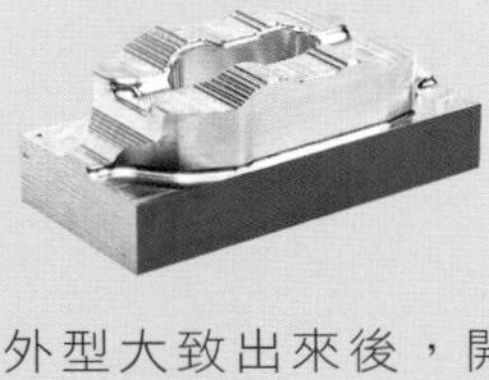

在外型大致出來後，開始進行卡鉗活塞內側的切削作業。

← 3

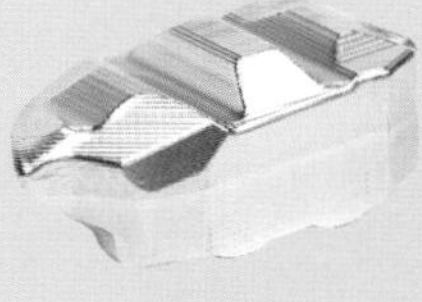

接著切削煞車卡鉗的背面(橋接側)，這時雛形已經出來了。

最近，直推式煞車總泵的價格變得比較平易近人些了。如果您的煞車總泵依舊是側推式的話，那麼強烈推薦您進行改裝，是相當超值的一項改裝。

完成！

6

5

4

之後進行耐酸鋁處理，接著將卡鉗活塞跟油管螺絲安裝上卡鉗本體後，就大功告成了。

然後是進行卡鉗鎖點的螺絲孔加工作業，到這裡算是加工的最後階段了。

接著是卡鉗活塞孔、煞車油路、商標等的細部切削作業，做工相當精密。

滿胎過彎教戰手冊

以原地倒車的方式試驗後的驚人發現！

「吃滿胎」跟「極深的傾角」的關係並非絕對，其實將車子原地放倒後會發現到，輪胎還沒吃滿，腳踏倒是快跟地面說哈囉了，上圖中的誇張傾角就算找專業車手來做也是小生怕怕啦。那麼該怎麼樣才能成功呢？別急，本篇將為各位解答。

POINT 1

不依賴傾角吃滿胎的方法

吃滿胎靠的絕不是「膽識」跟「氣魄」，也絕不是極深的傾角！

無法摩擦到輪胎邊緣的騎士

首先將手輕輕放置於一顆與地面接觸的皮球上，一定會發現皮球的表面形態幾乎是維持不變的，由此可知，皮球跟地面接觸的面積有多小，相信聰明的讀者已經能將這個事實延伸到輪胎上面。過彎時假使車身荷重不足，那麼便無法改變輪胎的表面形態，在這樣的狀態下還想吃滿胎，那就只有用更深的傾角來解決了。但是誇張至極的傾角對於市售超跑車來說畢竟是天方夜譚，這也就是為什麼一堆騎士前仆後繼地用力壓車、用心殺彎，都沒辦法讓輪胎吃滿的主要原因。

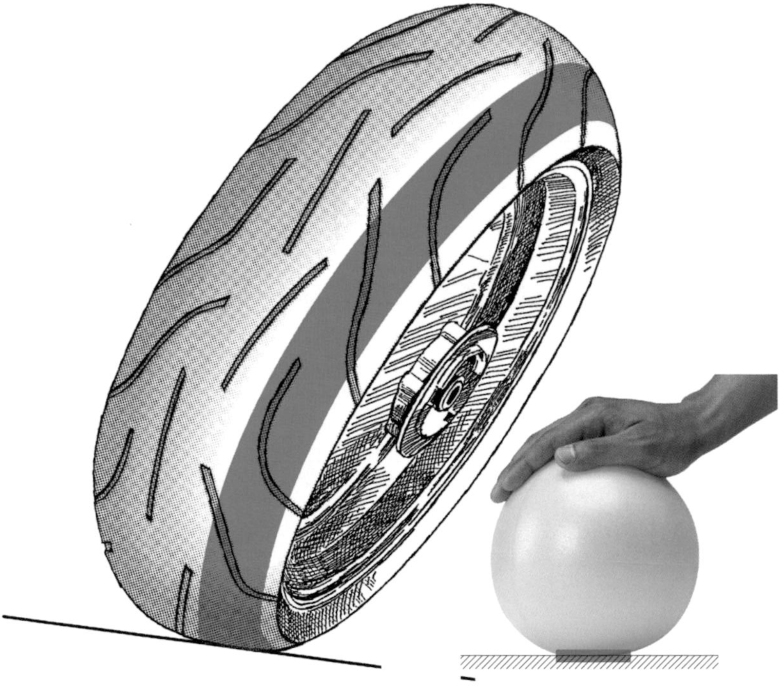

傾角不足與無法滿胎其實關聯不大

在殺彎勝地休息停車時，看看其他車手的輪胎狀況，是摩托車騎士的天性，假如看到的是「磨到邊緣」的後輪，也就是所謂的吃滿胎，就會驚訝不已，並且對於自己感到技術不足。

於是便再次提起勇氣跟膽識回到山路上大戰三百回。大家一定都有過這種經驗，但是傾角不足真的對輪胎吃不滿這件事有這麼大的關聯嗎？答案當然是「否」。當然車子不傾斜就無法過彎是不爭的事實，摩托車用輪胎之所以作成曲面也正是為了觸地面的考量才這麼設計

可以摩擦到
輪胎邊緣的騎士

將力量加載於與地面接觸的皮球時，可以發現到皮球的形態會由圓轉平，不難發現接地面積比沒有擠壓的狀態擴大了不少，這就是吃滿胎的秘密所在。這也就是為什麼即便彎中傾角不深（請比較本頁跟右頁的圖，兩者的傾角是相同的），但是輪胎觸地面卻因為形態的改變而能夠讓輪胎最邊緣與地面接觸。讓接地面積增加的好處不單單只是耍帥而已，隨著觸地面積增加，循跡力當然也跟著提升了，就算傾角加深，依舊有著絕佳的穩定性。所以說過彎時安全度跟輪胎形態的變化有很大的關係，請各位讀者一定要放在心上。

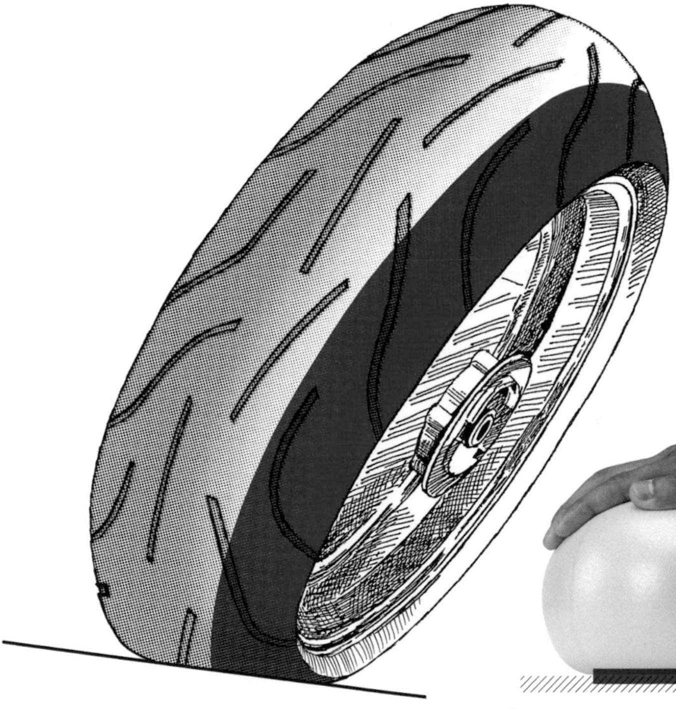

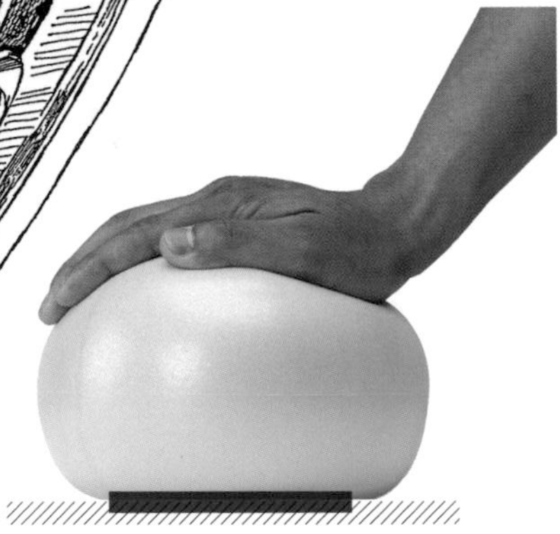

的。但是這並不代表過彎時輪胎依舊會乖乖地保持著曲面狀態。事實上，輪胎的表面狀態不僅會隨著路面變形，並且輪胎形態還是從曲面轉成平面。

大家試著觀察一下停車的車輛就能了解到，輪胎的觸地面會因為車身重量的加載而變得有點平，以此類推，當騎士跨上車時輪胎形態的轉變會更為劇烈。再以此類推，也就是荷重加載在輪胎上越多，則輪胎的形態就轉變得越大，當然輪胎觸地面積也就越大了。這個道理在彎中也是一樣的。將輪胎壓往地面的擠壓力越大，輪胎形態就越平，這麼一來即便不做出極深的傾角，一樣也能讓輪胎最邊緣與地面接觸。

所以說改變輪胎形態、吃滿胎是不需要依賴傾角的，但該怎麼做呢？

Column

到底是彎道中的哪一段會吃滿胎呢？

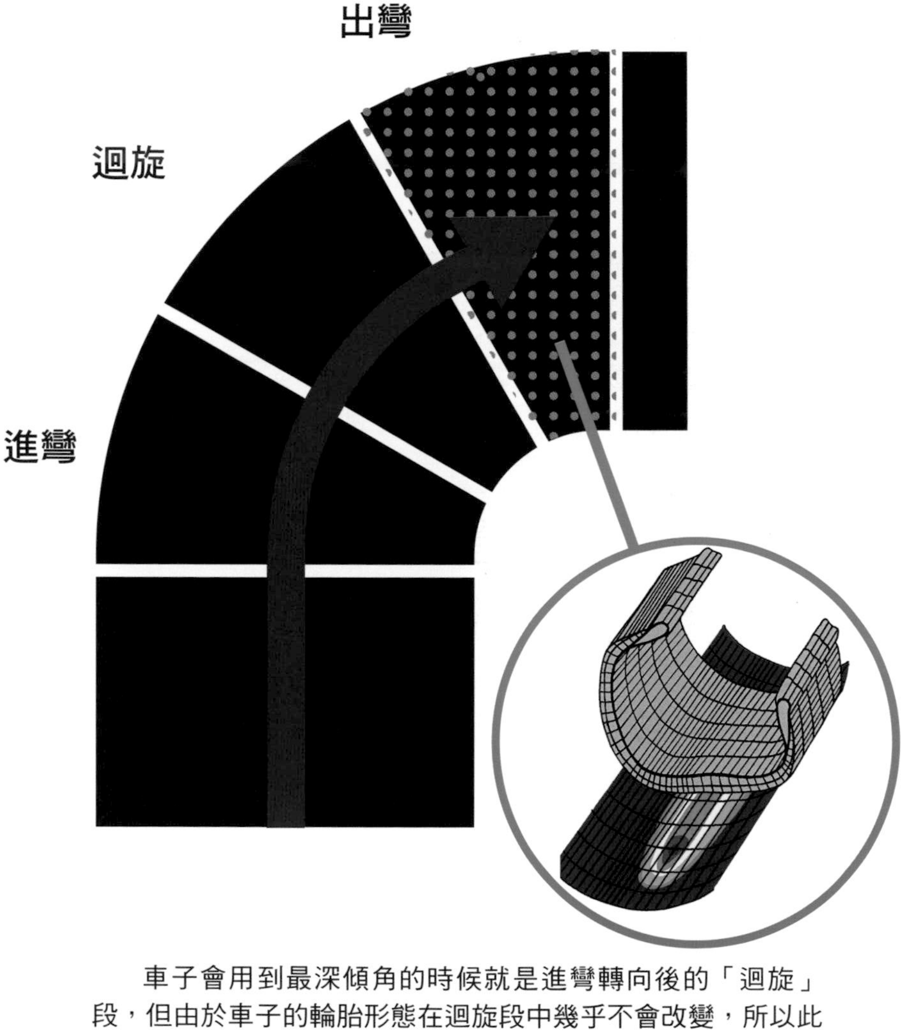

車子會用到最深傾角的時候就是進彎轉向後的「迴旋」段，但由於車子的輪胎形態在迴旋段中幾乎不會改變，所以此時是吃不到滿胎的。因此一意孤行的只靠傾角來將胎吃滿，那麼最後只是讓車子更不穩，傾角加深罷了。另一方面，輪胎的形態在出彎催油並且車輛開始稍稍回正的狀態下，反而會大幅改變，所以說滿胎的重點其實在「出彎」。

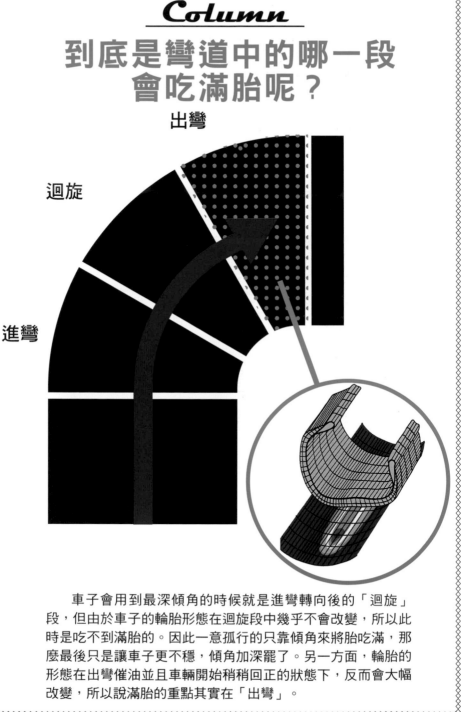

Column

暖胎的正確程序

直接用手摸輪胎假如感覺稍微溫溫軟軟的，那麼胎溫大概落在攝氏15度上下，假如覺得有的燙那就表示超過攝氏40度了，而這就是合格的胎溫。不只冬天騎車需要暖胎，夏天也同樣需要暖胎！

暖胎就是吃滿胎的秘訣

輪胎的性能非常依賴工作溫度，輪胎的款式不同，對於溫度的依賴度也會改變，但絕對沒有一款輪胎在冷胎的時候也能發揮全部的性能。

如果胎溫沒上來那麼循跡力當然也就無法發揮了，所以要想讓胎吃滿，就得先「暖胎」。

暖胎時請於直線路段，並且時時注意周圍路況，接著用高檔位低轉速（大約為四檔3000轉），再配合大手油門讓後輪改變形態。當車速上來後就使用前煞車暖前胎。在這樣來來回回的操作下輪胎就會因為形態的不斷改變而增加胎溫。切記別用左右蛇行或是過彎時慢慢增加傾角的方式來暖胎。

POINT 2

將全身的體重移往輪胎的觸地點

有成功吃滿胎的首要工作，得從改變荷重的姿勢開始做起

頭部
收下顎、目光上視直到看見彎道出口。除了視線向著彎道出口，頭部也要跟著做才有效果，頭部的位置要超過車身中軸線往地面的方向靠近

背部
身體放低是基本中的基本，不過要是身體出力的話反而會產生反效果，另外要注意的是，壓低身體時胸部別太靠進油箱外蓋。稍微駝點背才能讓自己放鬆

腰部&臀部
腰部和脊椎稍微彎曲並且往前傾斜，如果能感覺到自己在收小腹的話那就可以做的更漂亮了。入彎前將臀部斜前方移出約一個拳頭的寬度

內側手肘
讓手肘順著地心引力自然垂下，假如手肘位置抬高的話，就表示自己正在推著龍頭，這時只要讓肩膀下沉就能解決手對車把出力的問題

內側腳
自然地讓腳放在腳踏上即可，可別讓內側腳去支撐身體的重量，這樣只會停止車身傾角的下探罷了。另外建議以避免腳部感到緊繃為目標，花點時間研究一下腳的擺放方式吧

內側膝蓋
膝蓋自然打開是最好的做法，或是讓膝蓋輕貼著車架或是側蓋的做法也能夠提升騎士的信心。切勿讓膝蓋用力打開或是刻意將膝蓋往地面接觸，反而會破壞車身穩定

身體往內側移動一個拳頭的距離

吃滿胎的關鍵，就落在體重置於後輪的這個動作上，所以姿勢正不正確非常重要。首先，我們先從身體部位開始講起吧。

相信不少騎士在過彎時都是以用中規中矩的同傾手法來過彎的，但今日的大排氣量車上的輪胎寬幅都相當寬，在這裡我們建議讓腰部往入彎的方向移出一個拳頭寬距離的方式來處理彎道。

過彎時手腕跟腳保持放鬆是基本中的基本，在這裡要特別提及的是體重的擺放方向。當車輛處於傾倒狀態的時候，後輪的行進軸心會從胎面正中央轉往輪胎的邊緣（以上指

外側的手肘

假如用手肘去支撐上半身的話，那麼就會拉動到車把，這樣是不合格的。讓手肘自然下垂並且輕貼在油箱上面才是正確的姿勢

外側手腕

外側手腕保持放鬆到整隻手放開都不會影響車輛運行的地步才算合格。油門部份，請讓手腕以外開姿勢握持並自然開啟

外側腳

外側腳的膝蓋緊貼於油箱後端，同時讓大腿緊抓住坐墊的表層防滑面，如此就能撐住下半身。外側腳支撐的主角在大腿上，換句話說，這時腳可以離開腳踏

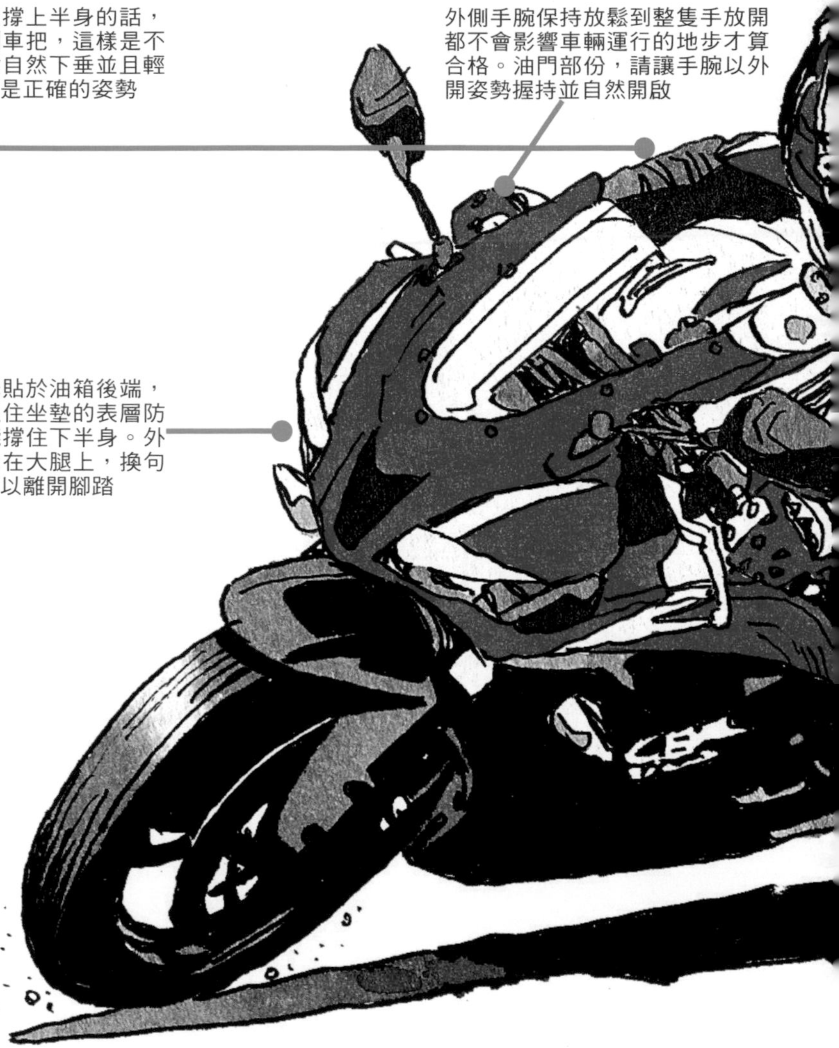

傾角位於30～40度的情況下，這樣的傾角其實就很夠用了，不需要再加深傾角）。此時跟輪框的中心的距離相當接近，這時就要將全身的體重（重心）往輪胎與地面的接觸點移動。如果這時的身體姿勢放低且腰部已經移出去的話，那麼就能感覺到過彎內側的肩膀、過彎內側的臀部跟輪胎的觸地點三者一氣呵成的感覺。

女性車手或是身形

嬌小的騎士在過彎時除了隨時記得將身體放低外在進行乘坐位置後移的動作時也請在適當範圍內進行，切勿太過勉強自己。此外，由於多數騎士不擅於處理右向彎，因此建議先從上坡左向彎道開始嘗試為佳，如能感覺到騎乘時的穩定性增加，那就表示你已經能夠掌握了體重置於後輪上的技巧了。

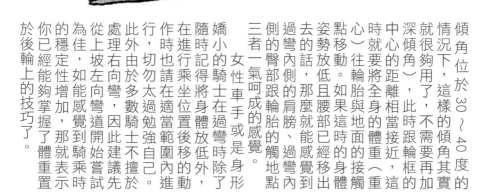

POINT 3

體重置於後輪就是吃滿胎的關鍵

提高騎士與摩托車的人車一體感

移動腰部是為了減少接地點移動時間

大排量車款的後胎寬幅大都是尺寸180～190的超寬輪胎，因此從車身直立狀態到進彎的這段過程中，輪胎的觸地點會從輪胎中心點移動到側面，移動量相當地大。為了減少觸地點移動所花費的時間，所以才要預先將腰部移出，以提早改變身體重心的方式來因應這樣的狀況。動作正確的情況下，輪胎觸地點就能快速移動到輪胎側面。另外，腰部移出並且將體重加載於胎側面的方法也能提升出彎時輪胎緊咬住地面的效果。如果愛車的輪胎尺寸超過150的話，建議可以嘗試看看。

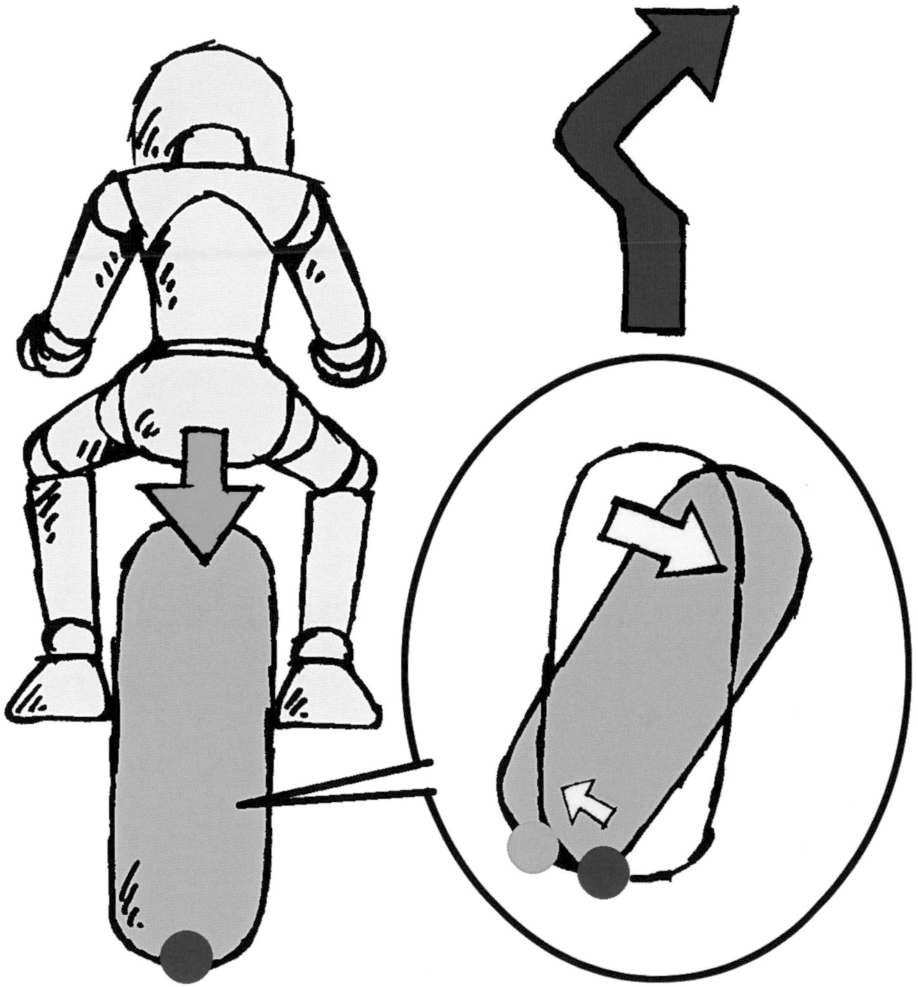

同傾過彎容易產生時間差

觀察上方插圖，應該不難察覺出寬胎的輪胎接地點在傾斜時會從胎的正中間移動到胎側面，所以輪胎的胎面越寬，這段轉換過程就需要更多一點的時間。

所以後輪是採用寬胎的話，用著同傾的方式過彎時，比較容易產生騎士已經移動重心打算進彎，但是摩托車卻還往前方移動一小段距離才開始傾斜的狀態，雖然這個時間差很短，最後依舊可以順利轉彎，但是卻會讓騎士默默地產生摩托車沉重不聽使喚的感覺，降低騎乘的安心感，甚至還會打擊信心。因此才建議移動重心過彎。倒是窄胎因為觸地點的移動距離較少，所以沒有這種問題

無罩街車該怎麼做才能滿胎？

輪胎形態的改變做法基本上跟超跑車一樣，倒是無罩街車由於為高握把的設計，所以反而比超跑車更容易將荷重放置到後輪。不過高把設計卻也很容易讓騎士去推龍頭，這點要特別注意！

手握車把時，如能做到手腕到手臂整個打直地步，就能有效防止手去推車把的問題，也不會妨礙車輛的自主操舵效應

如果用手腕去支撐上半身的方式來騎車，手腕很容易彎曲並且推動龍頭，妨礙前輪的自動轉向功能，還會累積騎乘時的疲憊感

手腕保持水平
就能輕易放鬆

想要學會吃滿胎的方法，那麼將身體重心置於後輪的動作非常重要。不過還有一個問題是上半身姿勢的保持，尤其是前傾姿勢一向緊繃的超跑車款，騎乘時手腕很容易不自覺地去支撐上半身，這麼一來不僅後輪的荷重會因為身體重心的分散而減少，還會破壞車輛的自然動態，造成無法順暢傾倒的結果，這點請各位尤其注意

POINT 4

放鬆上半身提升路面追隨性能

放鬆身體讓重量順勢加諸在後輪上，提升行駛的安定性

柔軟的身體才不會妨礙性能

在習慣了將身體放鬆的姿勢後，接下來我們就來嘗試「卸重」的動作，更進一步增加車輛的路面追隨性。通常在正常的鋪裝柏油路面上殺彎時，是看不太到輪胎上下跳動的樣子，但是即便看似平滑的路面，其實依舊存在著凹凸的路況。削減路面追隨性的主要因素其實是因為施加在輪胎上的壓力減少，當然這樣的狀況也代表著輪胎形狀不易改變，以及胎吃不滿等情況。

「但是說到路面追隨性，應該是避震器的工作才對吧？」的確如此，會這麼想的騎士很有概念。但是當騎士跨上車子的那

上半身放鬆的話
就能提升路面追隨性

上半身放鬆可讓荷重常時加載在坐墊上，也能對輪胎持續施加壓力。這麼一來不僅路面追隨性提升了，車身的穩定性也跟著增加了

彈簧預載

體重60kg以下的騎士請調弱兩段，假如避震器是無段迴圈式設計的話，就請將彈簧預載調整器轉個兩圈即可。如果體重為80kg的騎士，請轉一段或一圈即可

收縮側阻尼

處理較大的路面突起路況以及荷重為壓縮阻尼的工作，不過基本上是站在一個輔助的立場，所以讓它保持在原廠設定值就行了

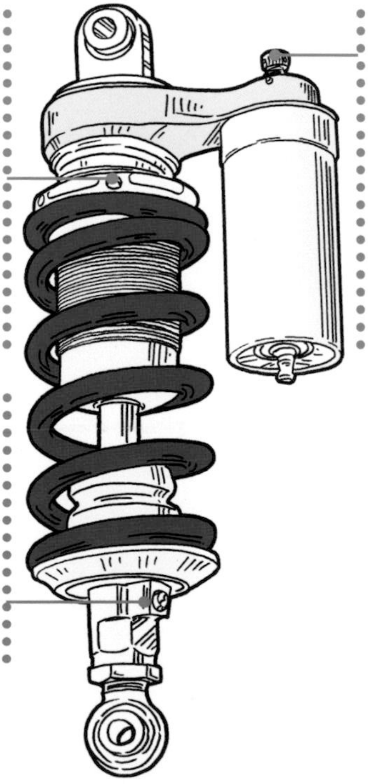

回彈側阻尼

如愛車為超跑車款的話請將回彈側阻尼直接調整到最弱，無罩街車的話請將之調到原廠設定跟最軟的中間即可

一刻開始，就對懸吊的柔軟度產生了重大的影響。當身體僵硬的狀態下，車子稍微碰到一點凹凸路面時，騎士的臀部就會跟著出現漂浮的現象，當然對後輪加載的荷重也會瞬間被抽離開來。

POINT 5

上半身僵硬的話會削減路面追隨性

上半身無法放鬆，「抬頭挺胸」騎車，重量可是沒辦法加載到後輪上

把身體當作一組避震器

接著騎士的身體重重落到了坐墊上，荷重也再次對後輪進行加載的動作，但此時由於荷重是重重落下的關係，所以當下後避震器的彈簧會對荷重施以反彈力量，這也表示騎士的身體又要再被拉抬一次了，並一而再再而三地重蹈覆轍。像這個樣子造成路面追隨性的流失，想吃滿胎也是不可能的。

身體僵硬時其實就像一組阻尼，就像調強且路面追隨不良的避震器一樣，之所以要求騎士把自己也當作一組避震器的原因就在於此，所以要盡量把自己想像成一組「軟Q」的避震器。

上半身僵硬的話
會讓後輪浮舉

如果上半身無法放鬆，且「抬頭挺胸」騎車的話，荷重可是沒辦法加載到後輪上的。這麼一來，車子只要稍微碰到凹凸的路面，身體就會浮起離開坐墊，路面追隨性也會跟著降低

因為身體條件而感到力不從心時，建議可以將上半身壓低，收小腹、抬腰部，讓上半身呈現彎曲狀等動作也要注意，當這些動作都做到位了，體重就能紮紮實實地加載於坐墊上了

為何前胎吃不滿？

感覺對後輪控制已經有概念
但前輪邊緣總是有1公分的部位
跟新胎沒兩樣
別擔心！這是車體結構的關係
相當合理也正常

前輪本來就無法吃滿胎

明明後輪都已經吃滿了，但是前輪的兩側邊緣就是會剩一點輪胎吃不到。相信這件事情對於大多數「速度機器」派的騎士來講，一直是個惱人的問題。

關於這點，我們就開門見山地講吧！由於前輪後輪的形狀、構造以及功能取向各不相同，所以前胎吃不滿實屬正常現象。

首先前後胎的圓弧形狀就不同了（前胎的胎面弧形比較鈍一點），假設現在將一台車進行原地放倒的動作，會發現到後胎吃滿胎的同時，前輪的邊緣還沒跟地面接觸的這項事實。

另外還有一個重要關鍵，就是車輛過彎時前輪會往內切動，也就是前輪的觸地點會依照後

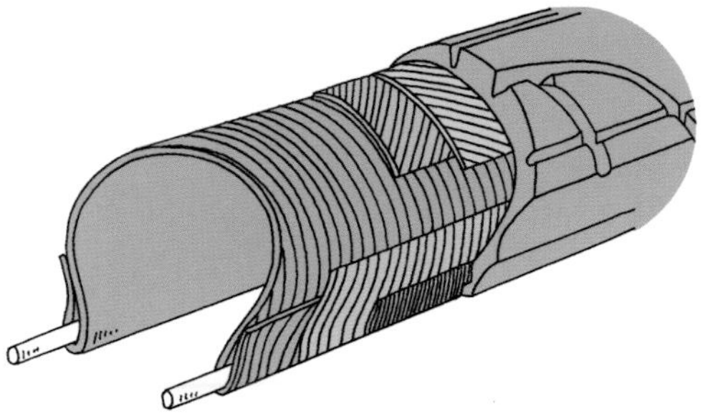

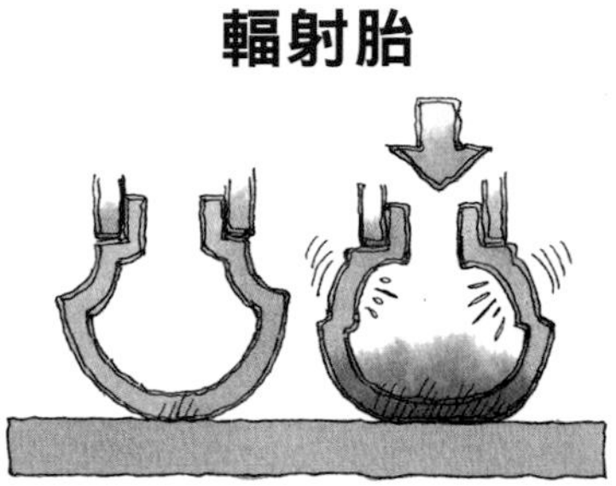

簾布層是以圓周以及直角的方式進行纏繞，從輪胎橫切面來看簾布層就如同輻射一樣往外散出，輻射胎的構造可同時獲得輪胎剛性以及柔軟度，當然輪胎形態柔軟也就表示擁有良好的路面循跡性也擁有優秀的循跡力，當然就容易讓輪胎吃到滿了。

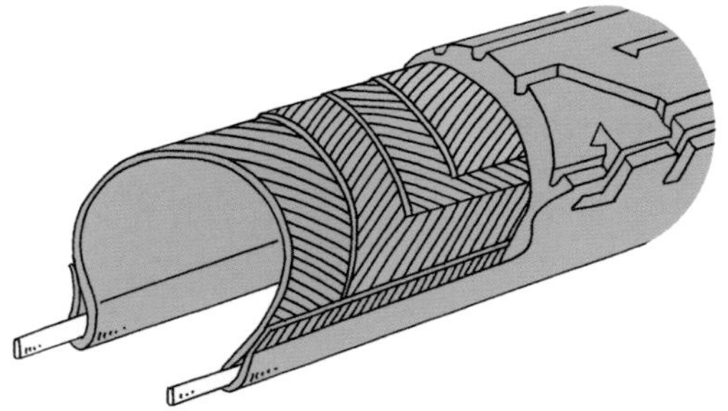

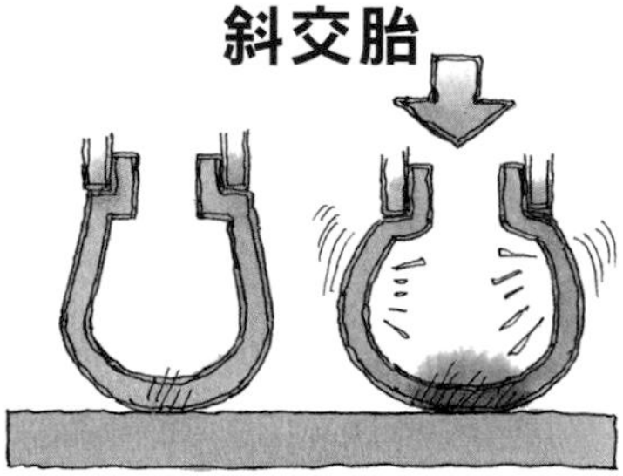

簾布層是以互相斜交的方式進行纏繞的，雖然可應付高速、大馬力的操控狀況，但是質地堅硬以及龐大的重量是個大問題，所以斜交胎的胎面形態不僅難以受到改變，也會影響車身擺動的順暢度。

輪的觸地點位置來跟車身傾角做個配合，所以前輪觸地點的移動方式並非橫向移動。由於會受到維持前輪動態的前輪後傾角（Caster）以及懸吊設定數值的影響，所以前輪會往觸地點的方向轉動。也就是說，在車輛傾角增加的狀態下，車頭軸心只會跟著往地面的方向轉去，因此前輪會有一部份接觸不到地面。

要想改變不具有驅動力的前輪胎面形態，只有一煞車的時候才做得到。有一點要特別注意，當車輛在出彎時，前輪跟地面接觸的面壓相當地小。相信各位騎士多半都看過MotoGP或是SBK賽車在出彎時，一邊「抓孤輪」一邊出彎的樣子吧。一般騎士在出彎時的車輛狀況就跟前述例子很類似，所以要想在出彎時吃滿胎是絕對不可能的事情。

直線前進狀態

由於前輪沒有驅動力，所以胎面中心的觸地面壓並不高，雖然煞車時前輪的形態會產生改變且觸地面積會跟著增加，但由於煞車時車子並沒有做出傾角，胎側面並不會與地面接觸。

過彎狀態

過彎的狀態下，前輪會隨著車身的傾倒（後輪）而跟著轉向，但由於前輪後傾角以及前輪設定的限制，前輪觸地點並不會像後輪那樣從胎面中間移動到胎側面的情況。

YAMAHA

POINT 6

大手油門可將輪胎往地面推擠

低轉速、高檔位，利用強大的循跡力就更容易吃滿胎

高檔位低轉速激發循跡力

假如騎乘姿勢以及卸重的技巧都駕輕就熟了，接下來就進入「循跡力操控」的階段。利用引擎的馬力以增加後輪的荷重，能夠更進一步改變輪胎的形態。

方法很簡單，要做的就是出彎時「大手油門」而已。當引擎轉速上升後，後輪的驅動力會跟著增強，當擠壓後輪的力量提升也意味著輪胎的形態會更進一步產生改變，這樣的狀況下所帶來的不只是輪胎的觸地面積增加、胎吃的更滿，還能增加車輛的行車穩定性，以及轉向力道的提升等等優點。

但即便知道循跡力

Throttle On!

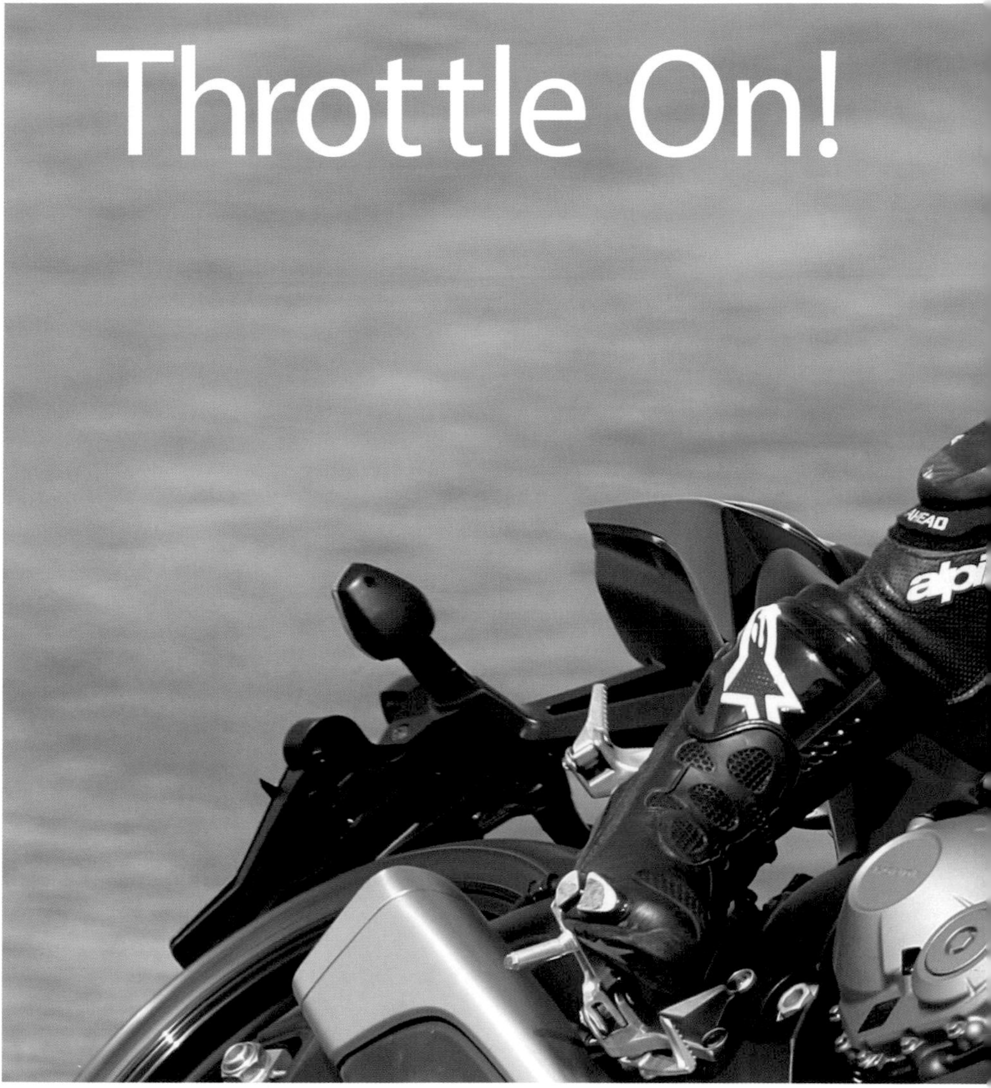

增加所帶來的好處，可是在出彎時大手油門到底會讓不少騎士感到害怕。的確，後輪空轉所產生的High-Side，或是因為瞬間產生的加速力讓取線向外拋，無法順利過彎，都是一般騎士所擔心的狀況。

但是，前述狀況只會產生於引擎高轉的狀態下，引擎低轉的狀態下大手油門的話，其實只會產生平緩的加速力道。日本廠的1000cc四缸超跑車的話，四檔的狀態下即便引擎轉速降到3000rpm，都還能以時速60公里的速度行進（這個速度剛好適合處理山路中的中速域彎道）另外高檔位還能將引擎的點火間距以及後輪傳達動力的拉大，更進一步增加車輛的循跡力，維持過彎時的穩定性，這麼一來就能讓後胎順利吃滿了。

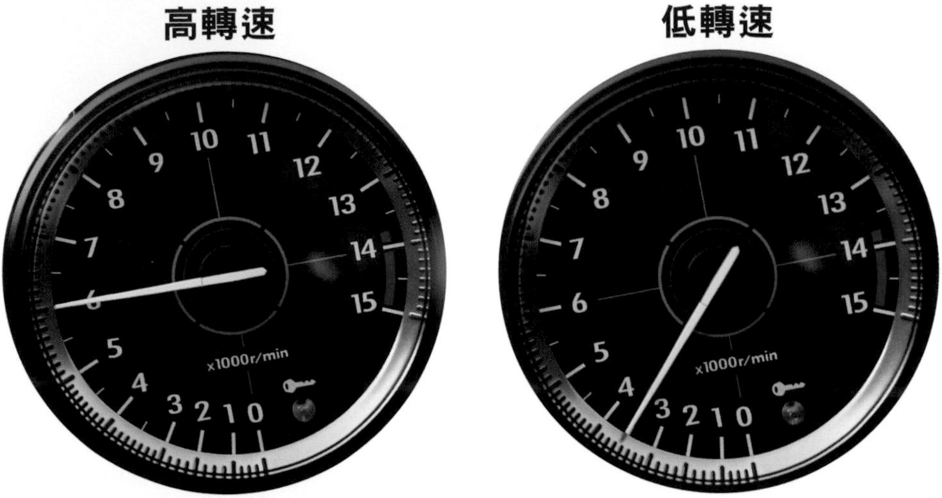

「大手油門」只能在低轉速時使用

假如在過彎時將馬力高達150匹超跑車的油門用力催下去，那可是會摔的轟轟烈烈，在引擎處於高轉速的情況下這麼做確實相當危險，但是在掛高檔以及低轉速的情況下這麼做卻很安全，因為在這樣的情況下大手油門，車子的加速是相當平順穩定的。如果愛車為四缸車款的話，建議出彎時將轉速跟檔位保持在3000rpm並且掛四檔處理，然後油門用力催下去就對了。不過如果是慢慢地催油門，那麼反而會使速度變快而感到害怕，建議開始練習時先在直線路段嘗試為佳。等到習慣後再到山路上練習。

輪胎每轉一次的點火間隔

一檔
引擎點火20次

大部份四缸超跑車的點火間隔皆如此，每10公分點一次火

四檔
引擎點火12次

掛四檔的狀態下每16.6公分點一次火，因此能夠獲得更多的循跡力

引擎點火的間隔會影響循跡力的效力

引擎點火的次數跟傳達到後輪驅動力的次數相同，由於點火間隔相當綿密，所以拉大點火的間隔就代表著後輪能夠把路面咬得更緊（意思就是輪胎的形態改變的更大），那麼該怎麼做才能拉大引擎點火的間隔呢？其實引擎和後輪之間設計有一個降低引擎轉速的齒輪，所以在檔位掛的越高的狀況下，即便車速相同（後輪轉速跟其他檔位相同的狀態下），引擎點火的速度、間隔會變慢且拉大，所以在車速跟其他檔位相同的狀況下，掛高檔位時所獲得的循跡力就是會比較強。

Column

讓輪胎被擠向地面的構造

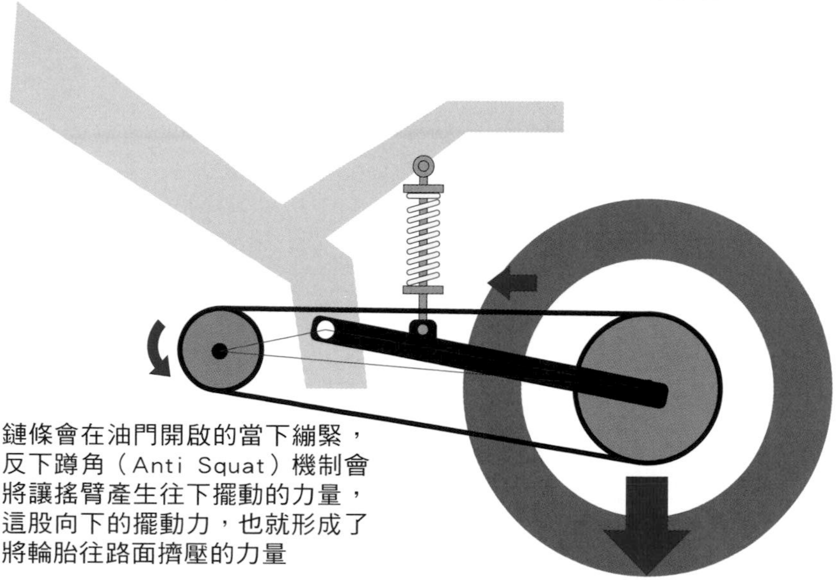

鏈條會在油門開啟的當下繃緊，
反下蹲角（Anti Squat）機制會
將讓搖臂產生往下擺動的力量，
這股向下的擺動力，也就形成了
將輪胎往路面擠壓的力量

什麼是反下蹲角？

油門開啟、鏈條繃緊時，搖臂的位置會被這股力量往上抬升，相對的車尾位置就會開始往下沉（到這裡為止，為Anti-Squat英文中Squat的動作，也就是下沉，蹲下的意思），但是這麼一來車輛的循跡力消失不説，最糟的狀況就是摔車收場。

因此為了防止這樣的狀況發生才會將搖臂的連結點設計在前齒盤跟後齒盤的連結軸線上，以形成一個三點連結的三角形，而這就是所謂的反下蹲角「Anti Squat」（避免車尾下沉的意思），反下蹲角的設計將會影響車輛的操控性能和轉開油門時的車身穩定性。

停紅綠燈或是過十字路口時一樣能感覺到循跡力的存在

要想擁有足夠的循跡力，那麼在開啟油門後確實地讓荷重加載在後輪之上的這個動作就是一個關鍵了。而「燈滅起跑」就是一個方便的練習方法，也就是當綠燈亮起時，別用姿勢去抵抗加速力道，只管將體重整個置於坐墊上，並且讓腰部完全承受加速力道，這個方法可提升練習效率！

POINT 7

妥善運用身體重心就能更有效率

如果是照著前面的步驟慢慢練上來的話，總有一天會需要的高段技巧

迴旋～出彎

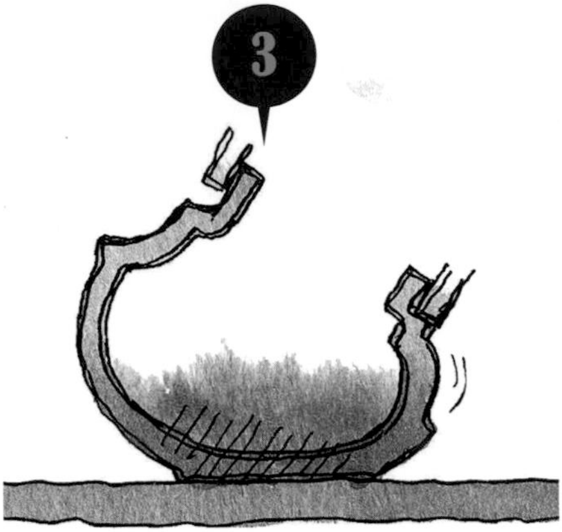

開啟油門
產生循跡力

油門開啟後，循跡力會開始產生作用，輪胎的形態也會跟著改變，此時輪胎的接地面積也會比迴旋前半段大

轉向～迴旋

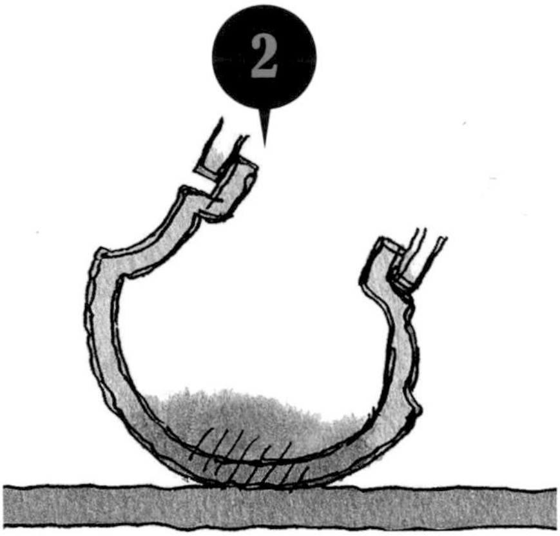

車身開始傾斜
接地點開始移動

當車身開始傾斜時，輪胎的觸地點開始往內側移動，此時也要特別注意的是，當騎士在進彎前預先進行重心移動的動作時，務必迅速敏捷，避免時間差的產生

進彎

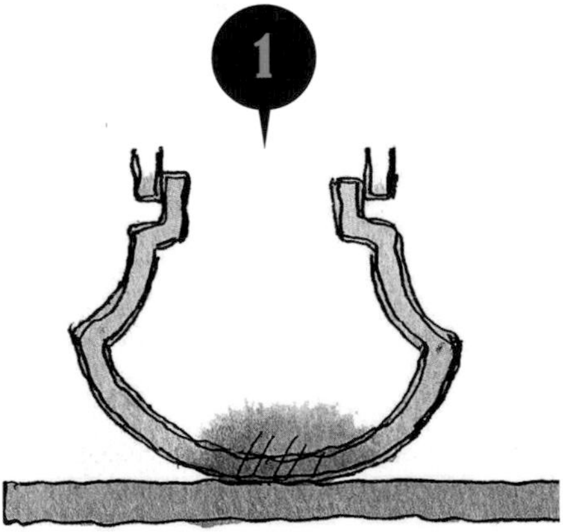

車輛維持直立狀態
只有中央部位變形

由於此時車輛還保持在直立的狀態，所以這時承受荷重且形態會有所改變的僅有輪胎中央部位。另外提醒各位，煞車時或是在變換過彎姿勢的時候，務必注意別讓荷重跑掉

增加循跡力
提升出彎性能

大手油門的狀態下不僅循跡力增加，還能更進一步改變輪胎的形態。這時如能再加上荷重那麼迴旋力還會再增加，這可是高手技巧喔

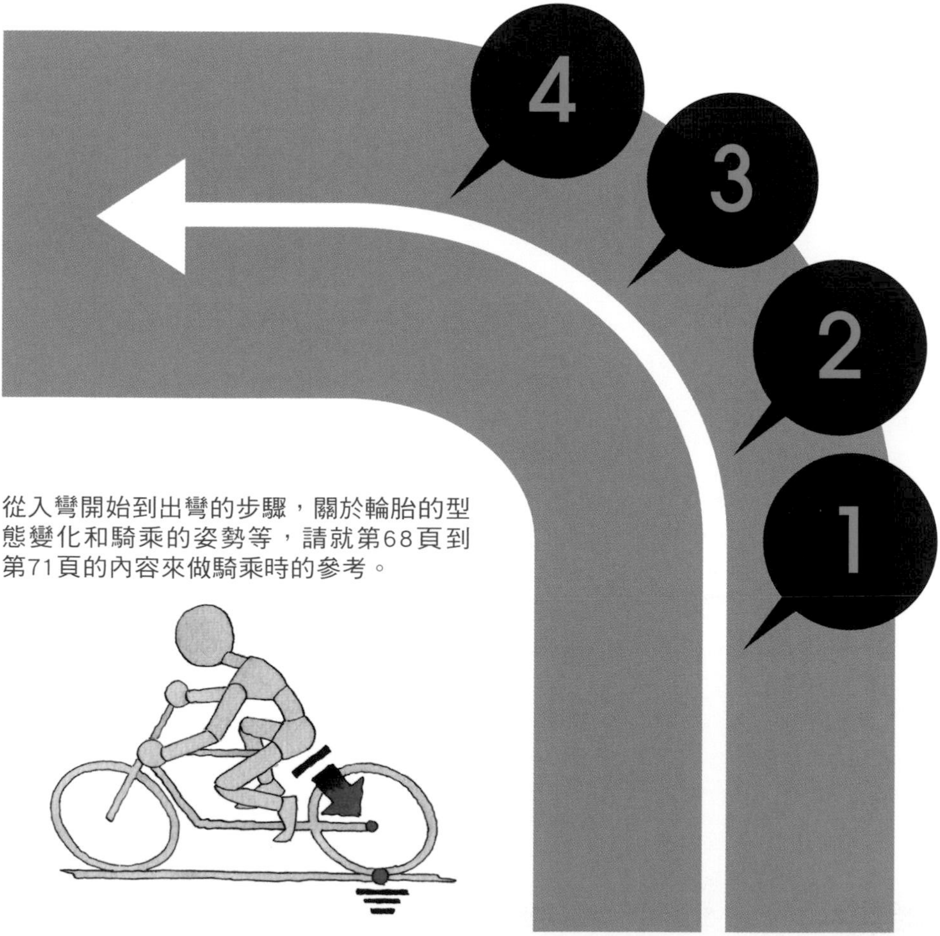

從入彎開始到出彎的步驟，關於輪胎的型態變化和騎乘的姿勢等，請就第68頁到第71頁的內容來做騎乘時的參考。

移動身體進彎的動作流程

1

進彎前進行煞車的同時，預先做好進彎姿勢，將腰部滑移出來的時候，請務必繼續讓荷重承載在坐墊上。

2

當決定入彎點時，就開始放開煞車並且準備轉向，此時避免身體僵硬，並且將重心往後輪的觸地點移動。

3

此時讓上半身配合傾角的深度往下移動，以便重心的下移。在進入迴旋程序之前，這一段過程的傾角將會是最深的。

高檔位低轉速激發循跡力

各位騎士們在嘗試過多種「輪胎形態的改變技法」後的結果如何啊？？應該能夠讓胎吃滿了吧？就算是無法馬上學會也不用煩惱，只要多多注意騎乘姿勢跟油門的操控，在不久的將來一定能夠讓輪胎吃滿的。

拜科技所賜，現在的複合材質輪胎可不像過去的輪胎那樣，一吃到滿就沒有再上去的空間了，現在的輪胎在胎吃滿的狀態下，才是樂趣要開始的時候呢。

接下來為各位騎士介紹達人技巧，也就是出彎時配合油門的操控可以積極地將荷重加載於後輪之上，還能更進一步逼出迴旋力的方法。首先在胎吃滿，傾角做滿的狀態下進行大手油門的動作，當車

4

車輛處於迴旋的狀態下其實什麼也做不了。接著在迴旋後半段準備出彎時開始打開油門，這時請用腰部去承受緊接而來的加速力道。

5

在引擎轉速上升的過程中可藉由加速力道增加循跡力，如此一來就可在穩定迴旋的狀態下出彎了。做到這點表示你可以畢業了！

6

全傾角且輪胎吃滿的狀態下下，將臀部往下加壓的施加荷重可是專業車手的技巧，這個技巧能夠更進一步提升迴旋的力道。

身立起的同時對後輪施加荷重。收小腹時可感覺到車輛正在下沉，而且還能配合引擎的扭力特性，將全身體重全置於坐墊的接觸面上。這麼一來在過彎的時候，感覺就像是以過胎邊緣為支點劃出過彎輪的弧線，此時前輪也會向著過彎內側。這種在傾倒狀態下更進一步逼出車輛迴旋力的技巧，可是同時兼顧柔軟度、剛性的高抓地力輻射胎的獨門絕技。試著想像自己坐在氣球上，將臀部的力量施加在氣球上，最後氣球破掉的模樣。

但是，上述技巧其實是比賽時所用的技巧，假如使用的時機沒有配合好，那麼過彎取線就會向外拉直，這點不可不慎。但還是希望各位能夠在賽道等安全地點稍微嘗試一下。

POINT 8

高手級的吃滿胎技術

邁向成熟騎士之路，進階版的操駕技術

比賽中常出現的滑胎操控是什麼？

相信喜愛MotoGP的騎士，一定看過賽車手在進彎時後輪不斷左右甩動，轉向時後輪以清晰可見的幅度往外側甩出，讓車身瞬間轉向，並且在賽道上留下黑色的橡膠胎痕，感覺就像是汽車的甩尾一樣，令人擔心是否下一刻就會打滑轉倒。

這種被稱作動力滑胎的帥氣操控看起來好像是很講運氣的美技，但其實動力滑胎是建立在荷重確實加載在後輪，且讓輪胎形態大幅改變的一種高超技巧，動力滑胎可是職業級的大絕招。一般騎士千萬不要在一般公路上隨意嘗試，避免發生意外。

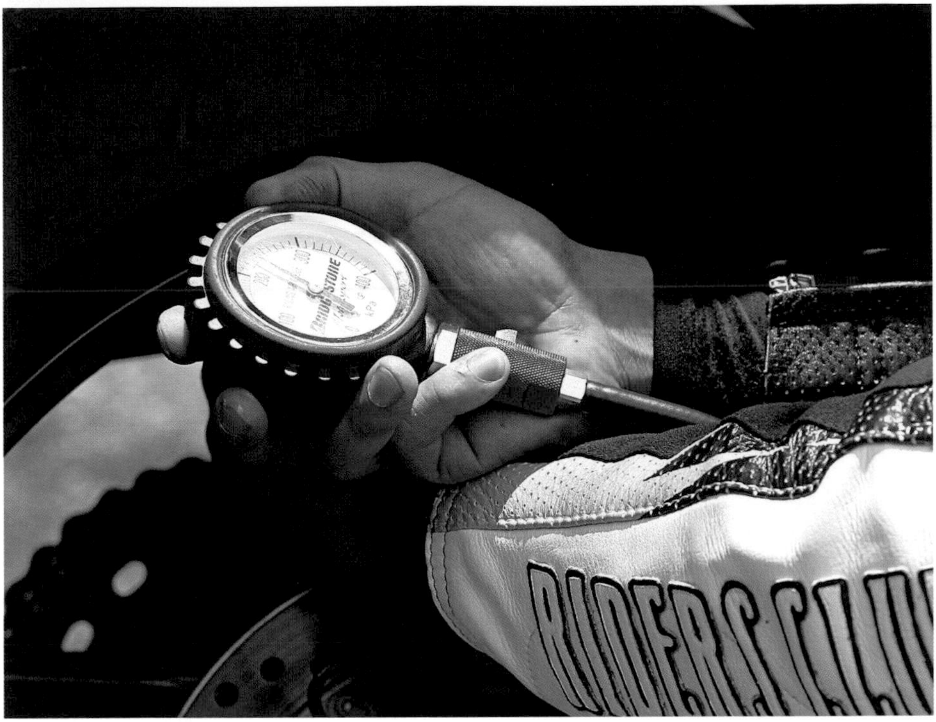

降低胎壓可
提升輪胎形變的效率

由於原廠指定胎壓是以雙載、巡航時速200公里為安全數據，因此一個人騎乘的時候，這樣的設定會讓懸吊顯得有點偏硬，而且也比較難去改變輪胎的形態，建議稍微把胎壓放低一點比較好。

輪胎上的可愛小圖

PIRELLI

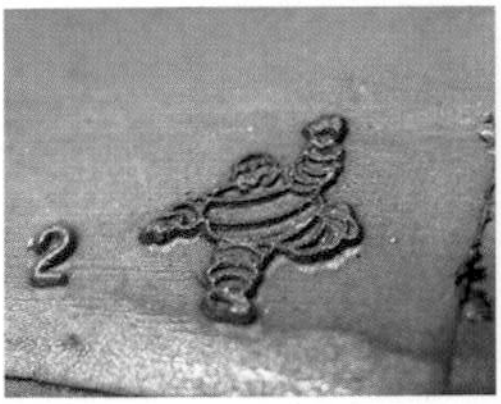

MICHELIN

METZELER

速度更快的
彎道攻略訣竅總整理

1 身體放鬆

車輛處於迴旋狀態下其實什麼也做不了（最好是什麼都別做）。接著在迴旋後半段準備出彎時開始打開油門，這時請用腰部承受緊接而來的加速力道。

2 降低胎壓

一個人殺彎的時候，酌量降低一點胎壓可有效提升改變輪胎形態的效率。但另一方面，如果胎壓太低，輪胎形態可是會出現改變過大的狀況，這時一定要好好檢查一下。在高速行車時請將胎壓設定回原廠出廠值為佳。

3 將避震器調軟

避震器太硬的話會喪失路面追隨性，也就意味著難以改變輪胎的形態。由於大排氣量摩托車皆為高荷重設定，所以建議將後避震器的彈簧預載以及回彈阻尼調低，增加避震器的柔軟度，讓避震器變得更為「軟Q」才是上策。

4 收下顎，目光放遠

騎乘姿勢的正確與否，會影響到身體置於坐墊上所帶來的效果。騎乘時如果有做到收下顎、目光放遠的動作的話，那麼就能有效放鬆上半身以及手肘部位，也能夠讓騎乘姿勢的荷重擺放效率更佳。騎乘時務必時時謹記這個鐵律。

5 暖胎工作要做好

如果暖胎工作做足，可以提升輪胎的接地面積。為了安全起見，攻彎前務必確實暖胎，還有如果覺得輪胎年份太久而感到不安時，請盡快更換愛車的輪胎。

50
alpinestars

操控技巧教學大總匯

作完全手冊

現代煞車套件的制動力無不驚艷世人，卻未必受到騎士的信賴，甚至有的人還不太適應。這真是太可惜了！詳解煞車的過去與現在，介紹簡單煞車技巧，讓您的煞車操控更精彩！

煞車操

POINT 1

該不該使用後輪煞車？

後煞車的作用不全在制動上，車輛控制也是其訴求之一，不用白不用吧！

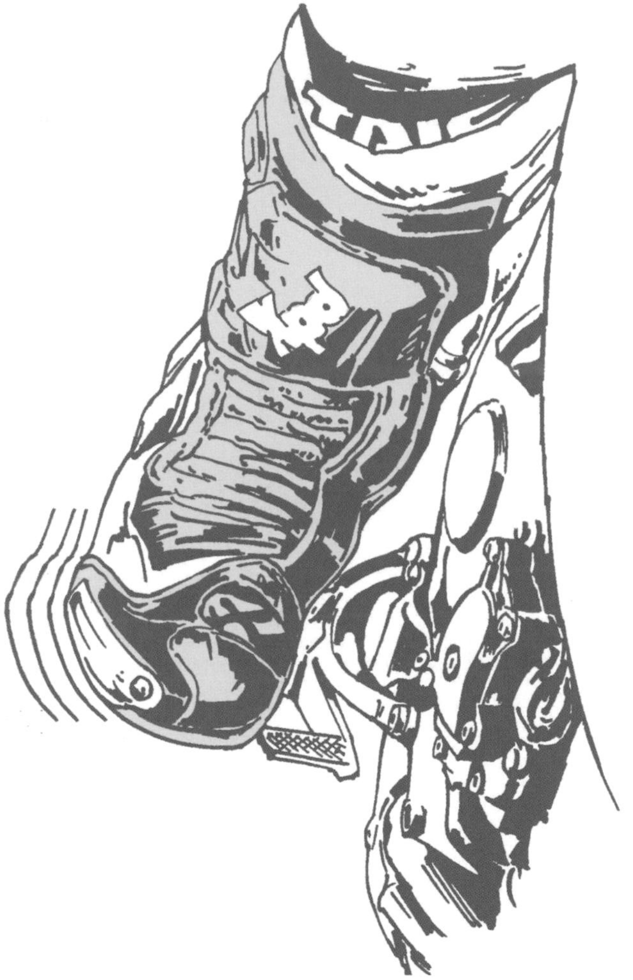

現在後煞車的角色定位多偏重於操控而非制動上，所以即便用力踩，後輪也不太會鎖死，建議各位多加使用。

後輪煞車其實比想像中的有用很多

大部分的騎士都會有無論是老車還是新車，前煞車的制動力已經很夠用了的錯誤認知，反而覺得後輪煞車有點無用武之地，甚至是有點多餘，如果讀者也這樣想的話，那就大錯特錯了！

後輪煞車除了制動力、讓輪胎停下來的機能之外，還擁有控制車輛、維持車身穩定的功能，例如進彎前先輕點後輪煞車，然後再扣動前輪煞車，可以抑制使用前煞時所產生的點頭現象，出彎時稍帶點後煞車，可減少催油時產生的震動，有助於過彎時的穩定。

POINT 2

拉桿放掉後再過彎是什麼意思？

抓好進彎點後，接下來的取線就是關鍵，「煞車釋放技巧」很重要

進彎前煞車時先做好進彎時的切入動作，將身體重心移動到內側，這時因為還扣住煞車拉桿的關係，車身還是會維持直立。

圖中是剛放開煞車的樣子，因為維持車身直立的力量隨著放掉煞車一起消失，車身馬上就會開始傾斜。

後輪煞車其實比想像中的有用很多

就算已經預設好切入進彎的點時，進彎時還是會常常錯過，這是因為摩托車並沒有像汽車方向盤那樣會有明顯地轉向操控動作的設計，所以有不少騎士過彎時都是「跟著感覺走」。

其實只要運用釋放煞車拉桿的技巧就能簡單又方便地進彎，建議進彎前稍微帶點煞車，並同時準備過彎時的騎乘姿勢，將重心預先移動到內側，接著來到進彎點時，靠著煞車釋放的技巧，讓車身迅速地傾斜，只要習慣之後，日後過彎時就能隨心所欲，享受過彎的醍醐味，增加騎乘樂趣。

POINT 3

在過彎時到底可不可以使用煞車？

大家都說在彎中盡量不要使用煞車，但其實還是有絕佳的使用時機

使用前輪煞車可以在彎中修改取線

不管是山路旅遊騎乘或是賽道上享受挑戰彎道，每位騎士在過彎時最害怕的就是取線外拋，無法順利過彎的問題，尤其是在山路上很容易因為彎道曲率突然出現變化的關係，讓一開始的取線無法順利過彎，假如為了降低車速而大力使用前煞車，那麼恐怕最後會摔車收場。但在一些刁鑽的彎道中，稍微帶點煞車可幫助立起車身，並且為下次車身的傾斜以及對取線進行修正，總之彎中帶煞不是不行，而是看你怎麼用罷了。老鳥車手多半用後煞來控制車身以及後輪的循跡力。

POINT 4

前後煞車比例真的是前6後4嗎？

前後煞車比的事情早已是老生常談，但建議還是別太執著數字比較好

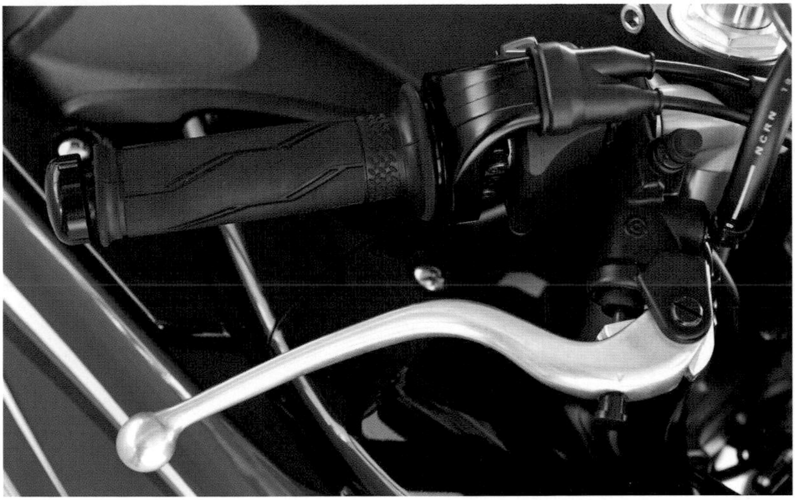

前輪煞車 6：後輪煞車 4

前後煞車的配比並非一成不變

相信大家在駕訓班時都聽過「煞車黃金比例」這回事，而且每一位老手好像在攻略彎道時都有自己的配比，感覺好像很要學會如何分配煞車比例之後才能算是有經驗的騎士的樣子。

但事實上前後煞車的制動力本來就不一樣，再加上一個要用手扣動、一個要用腳踩，本來就不易比較，因此建議就別再管什麼煞車比例，並且專心致志於操作煞車的話，其實前煞就很足夠了。但進彎時是另外一回事，務必見機調整前後煞車的比例，隨機應變才是正解。

POINT 5

為何會有煞車能不用就不用的想法？

沒有足夠的信心，會降低使用煞車的意願

相較於催油門的快感，煞車恐怕難以比擬。這也是不願意使用煞車的原因之一

大多數人對操控煞車感到恐懼

首先來舉個例子，騎車既然可以大手油門兇猛加速，自然也可以慢慢加速，「操作感」影響的層面相當大，換檔也是同樣的意思，牽扯到越多的操控，會讓騎士增加挑戰或是練習的樂趣。

相較之下煞車牽涉到的層面就只有制動而已，再加上如果煞車操控不慎，很容易就打滑摔車，也讓騎士感到害怕。大手油門出彎可以獲得快感，但是將煞車性能逼到極限可以獲得滿足感嗎？恐怕只會把自己嚇得一身冷汗吧。這就是讓有些人覺得「煞車能免就免」的主因之一。

POINT 6

跑車也需要使用到ABS嗎？

「小心翼翼地煞車」已成歷史，科技加持的煞車裝置，有助騎乘技巧的提升

現在新的 ABS 還能對應不同的引擎馬力模組進行操系統重量超輕盈！

高科技的電控裝置提升操駕樂趣

現在的汽車加裝ABS煞車系統已經是理所當然的事情，但是可別以為用於汽車的ABS，在摩托車的跑車世界中會面臨無用武之地的窘境。

事實上最尖端的摩托車ABS科技可一點也不馬虎。不鎖死、隨便亂煞車都令人安心無比不說，煞車力道更是強的令人印象深刻。完全實現一般騎士想要嘗試「煞車極限」的夢想。

不斷進步升級的ABS煞車系統到了現代與其說是安全裝置，倒不如說是輔助騎士操駕，享受騎乘樂趣的配備了。

POINT 7

為何含住煞車會讓車身不受控制？

衝進彎道時發現車速太高了！想煞車補救時卻發現車身不聽使喚只會直行！

煞車時的反作用力會讓車身維持直立

摩托車是種不傾斜就無法順利轉彎的載具，換句話說，當車身傾斜之後，前輪會隨之自動轉向產生舵角，摩托車才會產生轉彎的反應。

不過當使用煞車的時候，車身會被煞車時所產生的作用力所影響，讓車輛維持直立，所以無法順利讓車身傾斜，自然就無法過彎，如果還硬要扭動身體靠蠻力讓車身傾斜的話，可能會打滑轉倒。

假如哪天發現自己進彎速度過快，建議趕快將注意力放在「放煞車的時機」上，才是順利過彎的訣竅。

POINT 8

為何職業車手都無懼煞車的恐懼呢？

進彎前一刻才開始從極速狀態煞車！「極限煞車」存在著什麼樣的秘密呢？

雖然技巧、配備都不如職業車手，但是煞車「不超越極限」這點，立場是相同的

廠車配備的等級也會提升極限值

在觀賞摩托車比賽最高殿堂MotoGP時，對於職業車手從兩、三百公里的時速緊急煞車衝進彎道的表現除了驚嘆不已之外，也令人好奇車手的心臟究竟有多大顆，為什麼可以在這種狀態下游刃有餘地操控煞車。

其實煞車時只要不踰越自己的極限，那麼立場跟職業車手是一樣的。但職業車手的極限容忍值比較高倒是事實，況且GP車手用的煞車和懸吊配備也真的是高性能的高檔貨。今天各位的座騎要是換成廠車，勤加練習後，相信也有機會煞車神勇如職業車手。

POINT 9

高價零件真的有效嗎？

如GP廠車那般高性能的零件，不管任何騎士使用，一定能清晰感受其效果

現在連接近 MotoGP 廠車性能的煞車卡鉗都能買得到。雖然價格昂貴，但是得到的手感可是會令人用過後就回不去了

拉桿比、行程可調的直推式煞車總泵可調整出自己想要的操控感。讓愛車朝自己更靠近一步

雖然價格昂貴 但是卻有其道理

現在GP廠車所用的高性能零件其實比以前好入手（價格也高得驚人），不過可別妄自菲薄認為自己用不到。

其實高性能零件的構造與市售零件大致相同，性能上的差異也不會大到嚇人的地步，不過材質和製作精密度絕對遠勝一般市售零件。材質和製作精密度，主要是這兩個要因會影響「操控」，才造成價格差距大的原因。只要東西好用，騎士就更有信心用更強的力道去煞車，不僅制動力提升，速度感也會有所差異。價格雖高，不過只要用過就能瞭解其價值所在。

POINT 10

該如何煞車才不會產生點頭問題呢？

煞車就馬上點頭，這樣實在太累了。只要用點小技巧，就能擺脫這個煩惱！

點頭問題是許多騎士的困擾

不管煞車力道大小，煞車時就是會產生車頭點頭的現象。這也是許多騎士面臨的問題之一，甚至讓人不敢操控前輪煞車。

於是不少騎士煞車時都是開頭輕輕煞，收尾用力煞，不過這正是造成點頭的最大原因，要想解決這個問題請參考後面的「簡單三步驟」。

藉著同時使用前後煞車的技巧，就能簡單擺脫點頭的困擾。BMW S1000RR以及CBR1000RR等跑車都配備有最新的煞車輔助配備，不管怎麼煞車，車頭就是不會「下沉」。讓騎士可以安心地享受過彎樂趣

POINT 11

煞車時的異音到底是從哪來？

假如有「嘰」和「沙」的渾濁聲音，就代表來令片正在減少！

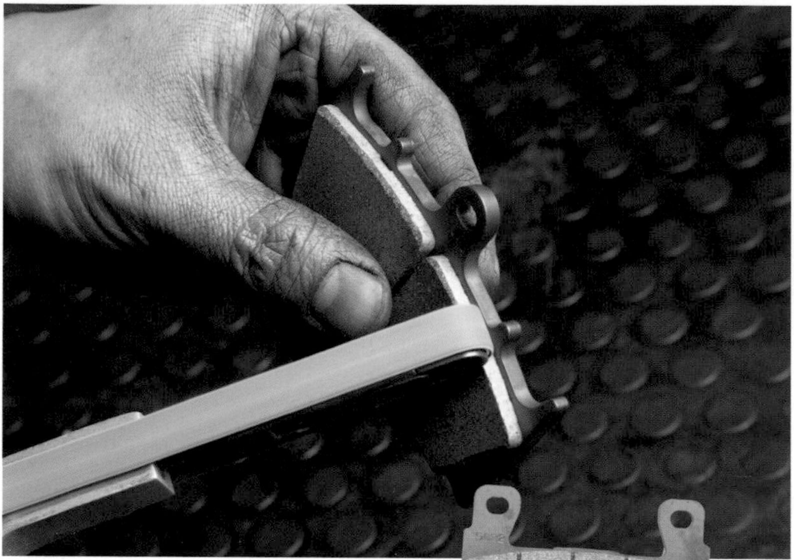

如果發生共鳴現象，利用砂紙試磨來令片的邊，這樣做的話就可以消除共鳴的聲音

假如煞車時聽到「嘰」的金屬摩擦聲音，可以先檢查看看來令片還剩多少，如果來令片已經過度磨耗的話，請立刻更換，以策行車安全，這點非常重要，最好每一次騎車之前都要檢查一次（來令片厚度下限為 1mm）

仔細聆聽煞車聲音
確保作動正常

在煞車的時候如果聽到異常的聲音時，請務必仔細聆聽，因為煞車能否有效的作動對於騎士的楓命安全有極大的影響。有兩種情況需要多加注意。

第一種是來令片載板本體摩擦碟盤的話就很危險了！這時請一定要趕快把車封印起來，儘快更換來令片。不然絕對會有生命危險。

還有一種就是來令片殘量還有很多的聲音，這種其實是來令片和碟盤共鳴的聲音，不用特別擔心。如果還是很在意煞車異音，那麼建議可以把來令片皮的角磨一磨看看。

POINT 12

煞車不只是可以停住就好

煞車真正工作究竟是什麼？「把車煞停」根本就不到煞車功能的一半

煞車輸入的力道

其實煞車的重點在於釋放的時候可以當作啟動車身傾斜的開關，而釋放的速度和方式也會改變車身傾斜的方式，快速釋放煞車或是慢速釋放煞車，操控方式的不同徹底改變過彎的方式。停車只不過是其中一個小功能罷了

學會煞車的其他作用
增加摩托車騎乘樂趣

其實讓摩托車減速或是停車只是煞車功用的一小部分罷了，煞車好玩的地方應該是釋放煞車的那一瞬間吧。

之前雖然已解說過「釋放煞車後再過彎」的課程，高速彎道或是髮夾彎，只要稍微用一下釋放煞車過彎的技巧就能輕鬆過彎。在高速彎記得快速釋放；髮夾彎則要慢慢釋放，感覺很微妙，但很值得一試。

所以說煞車最重要的是控制車身的狀態，讓摩托車隨心所欲，學會這個技巧的話才能愜意地享受摩托車的騎乘樂趣。

POINT 13

永無止境的煞車進化之路

從摩托車問世的那天開始，煞車進化之路可是夙夜匪懈從未停止！

單向活塞卡鉗

1969
HONDA CB750Four

前叉僅配置單向單活塞的碟煞裝置，此舉在市售量產車世界中可是首例

將來令片單向推往煞車碟盤的煞車卡鉗，初期日本車多採這種設計，現在依舊廣泛見於中小排氣量車款之中

與時俱進的煞車系統

史上首台摩托車誕生於19世紀後半期，車速甚至輸給小跑步的人類的摩托車卻已配備有煞車系統了。

在這100多年的摩托車發展史中，車速隨著排氣量的增加而提升，既然車速增加，制動力自然也得跟上腳步。今日煞車科技仍不停找尋安全煞車的方法。

草創期的煞車採「帶狀煞車」或是「蹄片式」設計，到了20年代強化為鼓式煞車設計，60年代出現碟煞設計，制動性能獲得進一步強化。

碟煞剛問世之時，摩托車最高時速僅200km/h，

煞車的歷史：卡鉗篇

油壓式碟煞設計問世於 60 年代中期，直至今日其基本構造跟當初問世時並無改變。但隨著車輛速度越來越快，制動力的要求也越來越高，其中變化最大的就是將來令片推向煞車碟盤的媒介——「活塞的數量」。近年來的運動車款大多採用對四雙碟煞的設計活塞數量就多達 8 個。

近年問世的一體成型設計，大幅提升卡鉗本體剛性的卡鉗更成今日主流設計。

而隨著電子控制系統的發達，煞車卡鉗技術已經從卡鉗獨立作業的模式，走向將 ABS 以及前後煞車連動等，將整台車的煞車系統交由電子裝置來統一控管。彌補騎士操駕。

雙向活塞卡鉗

1972
KAWASAKI Z1

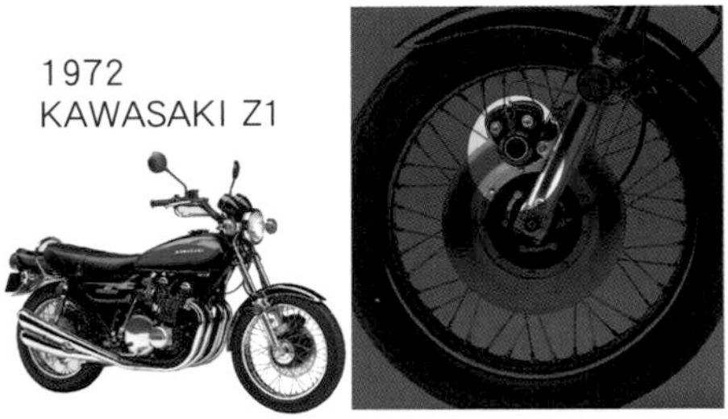

卡鉗置於前叉之前

碟煞問世當初這樣的設計蔚為主流，對於當時容易產生熱衰竭的碟煞而言，這種設計有助提升煞車卡鉗的散熱性

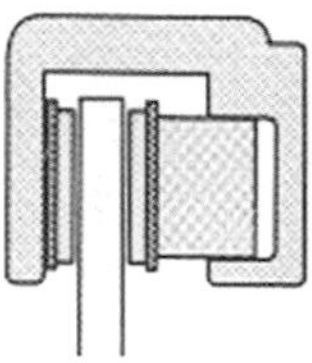

藉由卡鉗活塞將煞車來令片從兩側向碟盤加壓，制動性能極佳，老歐洲車多半採這種設計，現行的跑車前煞多半也採這種設計

2009
SUZUKI GSX-R1000

輻射式卡鉗座

基本上卡鉗位置仍舊保持在前叉之後，不過卡鉗固定螺絲的尖部直接對著前叉底部，這項設計已成超跑車的標準

1981
HONDA CB750F

卡鉗置於前叉之後

70 年代中後期開始煞車卡鉗的位置開始移往前叉之後，不僅操控性提升，還能提升煞車時的穩定性

21 世紀的大排氣車輛的最高時速已達 300km/h 之譜！因此強化制動力已成刻不容緩的重要課題。增加碟盤直徑、增加煞車卡鉗的活塞數等等方法都已經有人嘗試過了。

不過隨著制動力增加，騎士在煞車時的「恐懼感」也跟著提升，「煞車力道」太強反而不敢按的狀況，完全與設計初衷本末倒置。

不過大家請放心，煞車裝置的設計理念已經從「煞車力量」轉移到「操控」的方面，例如 ABS 以及前後連動煞車系統等等煞車裝置，或是近來成為熱門討論話題的電控設備等等，都是為了「安心操控」而存在。

煞車的歷史可說越學學深入，接下來一同來窺視從「煞車力量」到「操控」轉變過程吧！

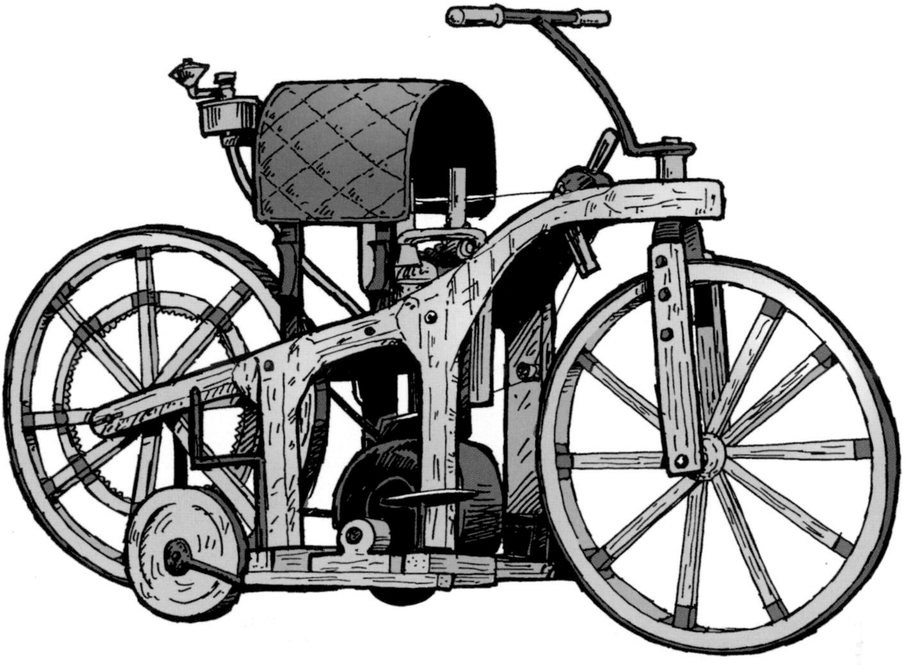

摩托車的煞車從這裡開始

1885 DAIMLER

這台配備內燃機的世界首台摩托車是由德國人戈特利伯·戴姆勒和他的助手邁巴赫歷經多年研究的成果。其實早就配備煞車，貼有鐵板的車輪表面（算吧？）上設計有直接與煞車蹄片接觸的制動系統，這種設計與蒸汽火車相同。

這輛摩托車的造型設計與當時的自行車十分相似，全木質車身結構彰顯了做工的精湛。相信馬鞍式真皮座椅，在當時也屬於頂級「奢華」的配置了。此車搭載的是一台氣冷二行程單缸、以汽油為燃料的引擎。其實這台摩托車的誕生只是為了輔助試驗這台引擎的效能。

經歷過了不斷的測試，最後這顆引擎安裝到了汽車上，這家公司也不斷地進化和改進，最後就是目前大家耳熟能詳的 BENZ 了。

1968
KAWASAKI 650 W1

以提升制動力
為重點的鼓煞時代

50 年代後半～ 60 年代中，煞車性能隨著車輛性能，來到了不得不提升的地步。當時市售車多半以增加鼓煞半徑，或是採用摩擦係數高的煞車皮方式來提升性能。這也是目前大多數人已經知道的煞車作動形式。

2010
KAWASAKI ZRX1200DAEG

重視操控性的
碟煞設計蔚為主流

到了 2000 年開始，不單只是運動型的跑車，連街車都開始講究運動性能，因此也開始換上了碟煞，高水準的制動力帶來更高度的運動操駕樂趣，現在除了少數復古車款之外，大部分的摩托車都已經換成碟煞了

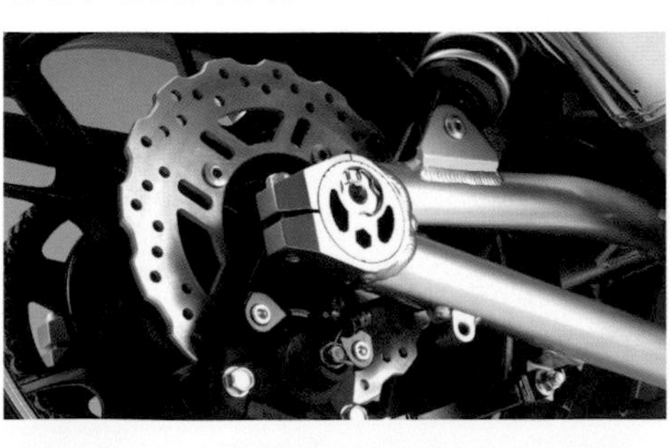

POINT 14

超跑採用輻射卡鉗的原因

為什麼超跑等性能車款都會採用輻射卡鉗呢？

輻射式卡鉗座

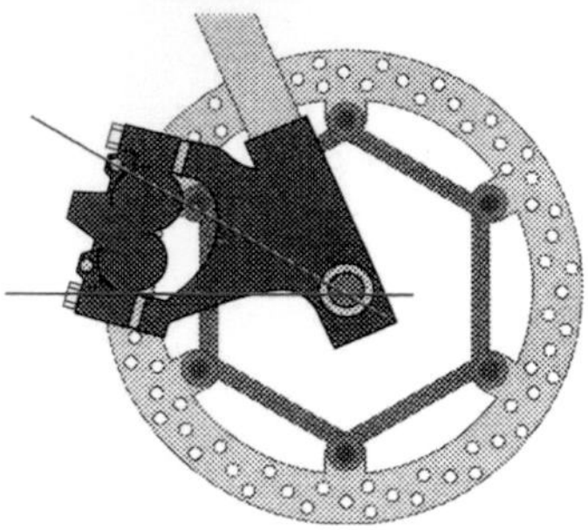

側向固定式卡鉗座

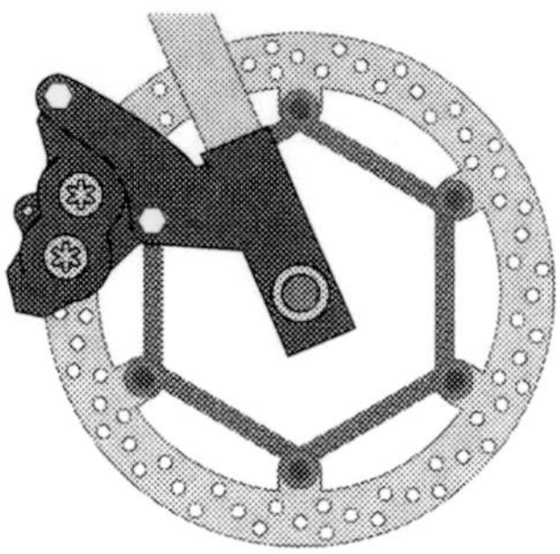

2008
HONDA CBR1000RR
卡鉗固定螺柱安裝方向與前輪軸心呈一個放射的狀態

2002
HONDA CBR954RR
對四活塞卡鉗的固定螺柱與前叉方向為垂直擺設，此乃傳統設計

第一台採用輻射式卡鉗座的市售車

2003
KAWASAKI ZX-6R
賽場上以基本性能決勝負的600cc等級車款，最先採用輻射式卡鉗設計

可以有效地提升剛性

隨著時代與科技的進步，大家應該都會發現近代的超跑都安裝了輻射卡鉗。

輻射式卡鉗座始於GP賽事，將固定卡鉗座的螺絲與前輪軸心呈現放射的狀態，因此被稱為輻射卡鉗。

這樣的設計有助順著輪框迴轉方向安裝的煞車套件提升制動時的剛性，也能對前叉作動性做出正面的影響，假如要改變碟盤尺寸也比較容易。

原本在賽場的風潮，因為技術不斷下放到市售車上，隨著市售跑車的性能越來越強，輻射卡鉗也安裝在市售超跑車上了。

1 POT

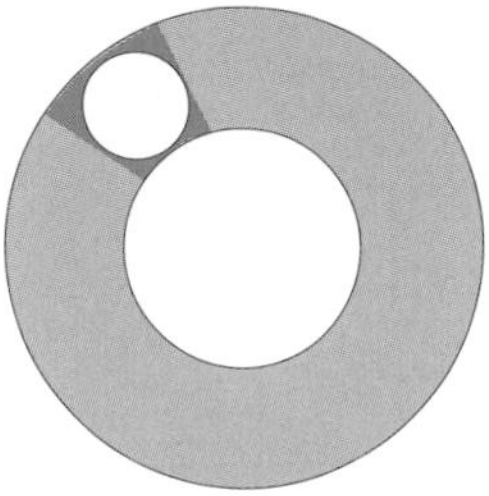

卡鉗活塞只有一個，由於來令片與碟盤圓周接觸面積不大，因此制動力不高，適合小排氣量車款

4 POT

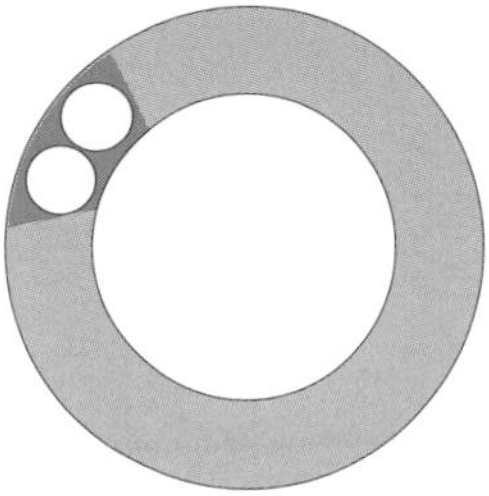

碟盤一邊有兩個卡鉗活塞的設計，增加了煞車卡鉗與碟盤的圓周接觸面積。制動力自然也增加了

8 POT

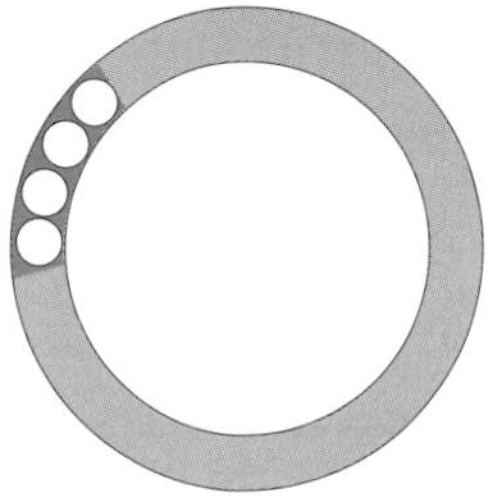

這款煞車增加了碟盤圓周方向的接觸距離和卡鉗的體積（重量增加），但缺點是前輪重量會增加

1 POT
速克達、小排氣量擋車的前煞車多採此種設計，同時也是運動跑車後煞車的主流設計

2 POT
250cc 或是運動車款的前煞車多採此種設計，有些老車的後煞車也是這種設計

6 POT
R1的標準配備，另外旗艦超跑也採用這種設計

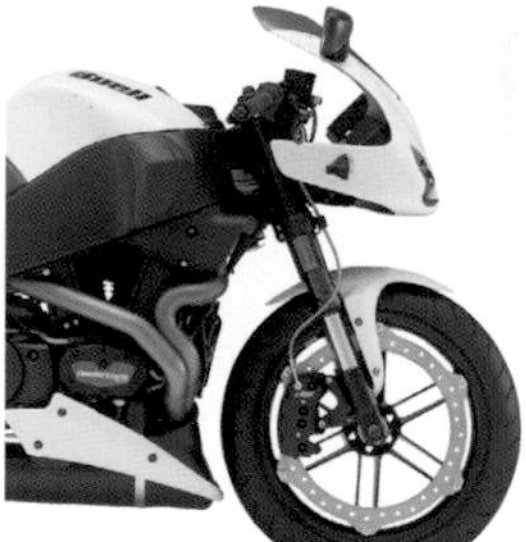

8 POT
BUELL 最終車款的標準配備，同時還配備了超大直徑的碟盤

4 POT
對四活塞卡鉗是中型～大型運動車款的主流設計

活塞數目為何不同

「卡鉗活塞數越多，制動力越高」這種觀念在近年來稍有逆轉之勢。這是因為卡鉗活塞越多，代表卡鉗務必得加大體積和重量，對不太需要制動力的後煞來說單卡鉗活塞就以足夠。近年來摩托車也會按照車輛特性，調整卡鉗活塞的數量（＝煞車的種類）。

POINT 15

煞車碟盤的歷史

不起眼的圓盤依舊有著許多小巧思

不再使用碟盤螺絲的 Brembo 浮動碟「T-DRIVE」，是種藉助 SBK 廠車和市售零件數據所打造出的技術。

耐磨與防鏽是最主要的目的

自從煞車系統從鼓煞進化到碟煞之後，煞車碟盤就是摩托車上不可或缺的零件了。

草創期的碟盤外觀看起來就像是一片鐵板，又大又重而且還有生鏽的問題，不過今日碟盤外觀已經擁有許多不同。

首先就材質而言，草創期的歐美車款或是比賽用的廠車多以鑄鐵為主流材質（現在則以鋼材為主流），鑄鐵的性能好，又耐磨，但是唯一的問題就是保養不易，而且有容易生鏽的問題，不過CB750Four一開始用的就是鋼材，這點在推出的時候也造成一股話題。鑄鐵

重量雖重但散熱性優的通風碟盤

碟盤採兩片薄鋼材重疊而成，風可以通過中間的間隙帶走熱能，有利於散熱。不過由於構造複雜、重量偏重，因此少有市售車使用通風碟，這種碟盤多見於汽車和賽車上

碟盤元祖實心碟盤

實心碟盤採無洞設計，問世當初的形狀大概如上圖所示，圖中的外碟盤（也就是來令片實際接觸的地方）以及內碟盤雖然採分離式設計，不過通常都是一體成型

耐熱防變形浮動碟盤設計

內碟盤和外碟盤用具有空隙的插銷予以固定，這樣不僅耐熱也能避免碟盤的變形，80年代賽車界開始使用，現在成為運動車款的標準配備

看似鼓煞的內置式碟盤

Honda 從 80 年代中期開始使用內置式碟盤設計，內側則設計煞車卡鉗，外觀卻看似鼓煞，為了不讓鑄鐵碟盤生鏽，Honda 下了不少工夫

性能雖佳，但近年來鋼鐵材質碟盤的性能效果已經超越鑄鐵碟盤，再加上又沒有生鏽的困擾，所以很快地就變成了市售車款的主流，而現在的MotoGP廠車也多採用碳纖維的材質，性能佳但是需要有一定的操控技巧。

接著在開孔設計方面，開孔設計具有散熱、排水，抑制噪音等優點，過去由於有開孔龜裂的風險所以不易製造，這點在以前也被用來作為賣點之一。最後就是今日仍在使用的以碟盤螺絲連結外碟盤和內碟盤的浮動碟設計。近年來浪花碟設計蔚為風潮，過去浪花碟多用於通風碟，不過已經是某些車種的標準配備了，無論哪種設計都是以提升散熱性、避免碟盤變形為設計出發點，碟盤的進化是個永不停止追求的課題。

POINT 16

清掃卡鉗讓煞車釋放手感更順暢

常保煞車手感的不二法門

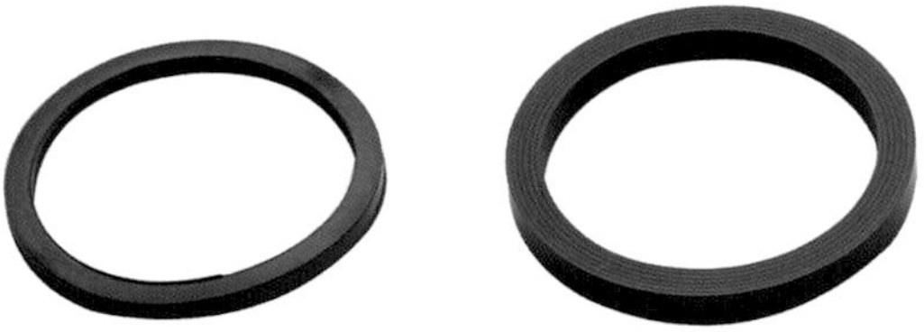

油封因沙塵等雜質的侵蝕而劣化時，卡鉗活塞的退回感會因而變糟，甚至會出現釋放煞車時來令片跟碟盤分不開大跳「黏巴達」的窘境。

清除卡鉗汙漬 可以提升操控性

操作煞車拉桿的時候，煞車油會把卡鉗活塞推出，在其上的來令片就會開始摩擦碟盤，摩擦生熱之後就是制動力的產生，這個簡單的物理作用大家都知道，已經無須多家解釋。那麼卡鉗活塞是經由何種力量才能退回原位的呢？

其實就是靠卡鉗活塞的油封，藉由油封的彈性將活塞推回原位。所以當沙塵等等的雜質跑到油封處時，在周圍堆積的話，一定會影響煞車的釋放手感，所以卡鉗清理不容馬虎，時常清掃保養，才能維持完美的操控手感不變。

煞車來令片

卡鉗本體

藏污納垢就是造成煞車不順的元兇

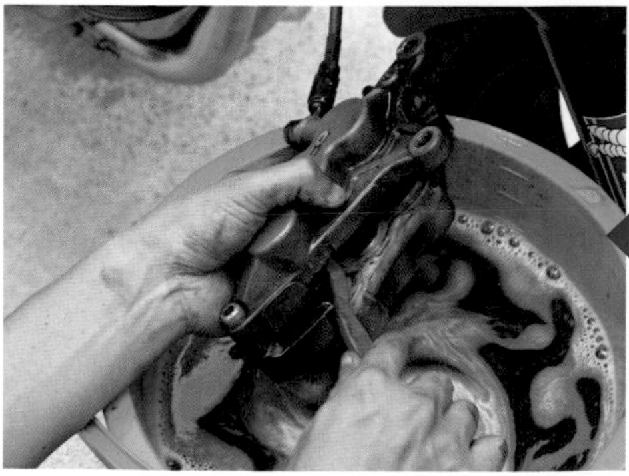

建議先將來令片取出後，再用中性清洗劑清洗，將附著在卡鉗本體上的泥沙與汙漬仔細清除乾淨並按照正確順序裝回

卡鉗活塞和油封附近的沙塵，還有來令片磨擦後的碎屑會堆積在活塞周圍，長久累積下來會造成煞車手感的劣化

POINT 17

ABS煞車系統的歷史

全名為 ABS 防鎖死煞車系統的安全配備並非汽車專用

BENZ 是第一台配備 ABS 的汽車，測試的主要訴求為「迴避衝突」，降低雨天時的事故發生率

ABS 一開始用於重轟炸機上，畢竟滿載炸彈的轟炸機要是起降時「翻機」就很恐怖了，因此 ABS 才這麼必要

避免打滑是 ABS 最大的優點

免煞車鎖死的 ABS 裝置，其實是從戰後的大型噴射機開始發跡，一直到 70 年代才見於汽車上；摩托車界是從 1977 年由 BMW 導入這項技術。

「避免摔車」是摩托車採用 ABS 的最大目的。因此摩托車 ABS 需要比汽車和飛機更細膩的控制系統，因為摩托車是只用兩顆輪子平衡的載具。

基於以上原因，ABS 從最近這幾年開始成為主流，而且還具有「進化」的意義，例如 ABS 配合前後連動煞車裝置，或是如 BMW S1000RR，ABS 配合引擎動力模組改變控制方式都是其中的「進化」。

ABS是休旅車的標準配備

長程休旅車要是煞車鎖死的話，其後果可是很嚴重的，因此為免不測以及安全考量，休旅車多半會加裝ABS裝置

跑車也用ABS的時代到來了

超跑不用ABS，只要技術的想法已經落伍了。隨著ABS套件體積和重量的縮小，配備有ABS的超車也能迎接安全享受馳騁快感的時代

BMW是第一家將ABS裝在摩托車上的車廠

1988年問世的BMW K100是第一台採用ABS的摩托車，構造不同於汽車，還消除了作動時會出現的跳動手感

為何市售車不用碳纖維碟盤呢？

常見於MotoGP賽事的碳纖維碟盤，由於其工作溫度不易達到難以產生制動力以及下雨天功能不佳（專用碳纖維來令片遇水則廢），加上價格高昂（價格和金屬碟盤有如天壤之別），因此並不容於市售車市場。外觀帥歸帥，卻是個不適合市售車的高性能零件。

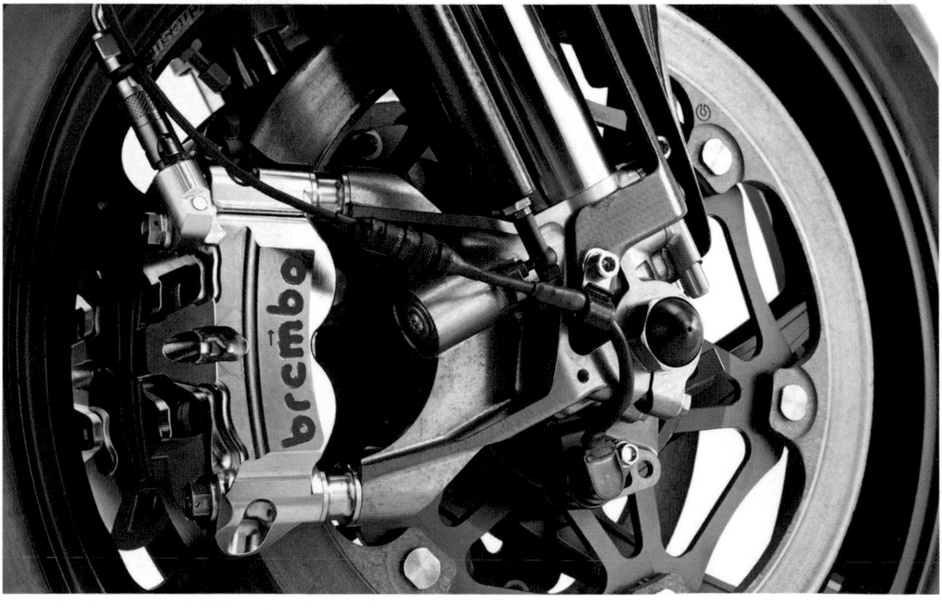

於極高速狀態下煞車時假如工作溫度未達碳纖維碟盤所需，那麼將無法發揮碳纖維碟盤的實力，因此 MotoGP 賽場中在雨天或是氣溫偏低的日子出賽時，多半會改用金屬製的煞車碟盤

前後連動煞車裝置的歷史比你想像還要久

1983 HONDA GOLDWING ASPENCADE GL1100

早在1983年HONDA推出GOLDWING時就考量到重車在煞車時產生的甩頭及晃動問題，加裝了機械式的前後連動煞車系統，讓行車更安全

1996 HONDA CBR1100XX

1993年CBR1100F的性能升級版黑鳥，也同樣配備有前後連動煞車系統。

前後連動ABS是初期的煞車輔助系統

只靠拉桿或是煞車踏板，就能控制前後連動煞車裝置其實歷史已久，配備有前後連動煞車裝置的市售車中，以Moto Guzzi的LeMans車款最為知名。

Honda的工廠賽車RCB雖也使用過前後連動煞車裝置，不過畢竟都是70年代的歷史了。

當時前後連動煞車裝置純粹是機械式設計，近年來改採電控設計，透過中控電腦ECU和慣性偵測儀（IMU系統），即時掌或當前的路況和制動力，瞬間控制前後煞車的輸出比例，並且與ABS裝置攜手合作，就算在彎道中高速行駛時也能操作煞車，除了增加安全性之外，也輔助騎士操駕，增添騎乘樂趣。

POINT 18

一個卡鉗竟然有兩種活塞尺寸

仔細觀察前輪的煞車卡鉗活塞，竟然發現有兩種尺寸，這是為什麼呢？

減少來令片壓力 達到平均磨耗的效果

仔細觀察一下前輪的煞車卡鉗，如果是現代的性能車款，大都採用對四活塞以上的煞車卡鉗。

通常其煞車活塞會沿著碟盤軌跡順次排列於碟盤之上，有的時候還可以發現活塞彼此間竟然有不同尺寸的活塞設計（稱為異徑活塞卡鉗）。

這樣的設計當面對碟盤旋轉時，可平均卡鉗活塞施加於來令片的壓力，達到減少磨耗的目的之外，還有助於平均地使用煞車來令片，也因此現在的煞車卡鉗多採此種設計。

POINT 19

只要煞車用得好極限操駕非夢事

其實煞車的功用不單只是拿來停車而已，操作車輛才是最大目的

進彎前煞車讓前叉下沉擠壓前輪、或是反向利用煞車時會讓車身維持直立的作用力，在切入點的一瞬間放開煞車來啟動切入，在彎中輕點前煞來調整取線，這些都是前煞的運用方式。

煞車其實還有很多不同的運用方式

華麗的極限操駕不只要膽量，還要夠厲害的技巧和煞車套件才能辦到，其實極限操駕的理念跟一般操駕是一樣的，如果只抱著認為煞車是「讓車停下來」的道具這種想法是不可能出現極限操駕的表現。

進彎前煞車，產生蹺蹺板效應，讓前叉下沉擠壓前輪增加抓地力、放開煞車當作啟動轉向的開關等等都是煞車的運用。儘管極限操駕不是人人都做得來，但唯有認為煞車是種「操控車輛」的工具，並且對煞車的操控方式進行研究，才能提升煞車技巧，擺脫對煞車的恐懼。

POINT 20

鼓煞煞車的歷史

仔細觀察前輪的煞車卡鉗活塞，竟然發現有兩種尺寸，這是為什麼呢？

單側鼓煞設計　單側鼓煞

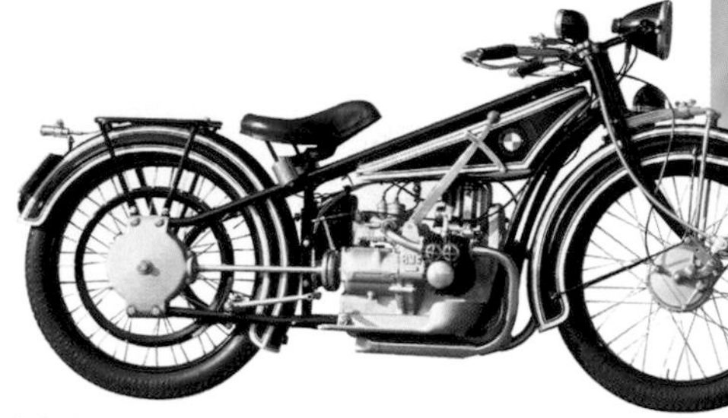

1923
BMW R32

問世當初的鼓煞其半徑非常之小，並且採用單臂引導式設計／拖曳設計，R32 的後煞車則採用比鼓煞設計還老的「帶狀煞車」設計（後輪黑色連桿部份）

左右各一個鼓煞　雙鼓煞

1970
TICKLE MANX T5

這種雙鼓煞其實相當少見於市售車身上，賽車不僅常用，還會左右各搭配一個雙臂引導設計（鼓煞內部共有 4 個煞車皮），這樣的設計其實跟現今雙碟煞的意思相同

鼓式煞車
也曾經是市場的主流

現代的摩托車幾乎全部採用的都是碟煞了，鼓煞雖然只見於小排氣量車的後煞車上，不過鼓煞在以前也是主流設計，就算連賽車用的廠車前煞都是鼓煞。

操控煞車拉桿後帶動鋼索，接著啟動了鼓煞板上的懸臂，最後再由懸臂拉動設計於內部的煞車皮摩擦外側來啟動制動力。構造上古今皆然，不過隨著引擎性能的提升，鼓煞也曾經為了追求制動力而進行過改良革命，碟煞其實沒那麼快就取代鼓煞。

一開始鼓煞採用單臂引導式設計／拖曳設計的方式啟動煞車皮，不過隨

容量增加制動力上升　寬板鼓煞

1959～
TRUIMOH BONNEVILLE T120

隨著車速提升，煞車設計自然也要有所因應，鼓煞半徑的擴大其實跟碟煞設計中碟盤半徑加大的意思相同，不過圖中的車款仍採用單壁引導式設計／拖曳設計，往後這款車會改為雙臂引導設計

提升冷卻效果　通風鼓煞

1970
YAMAHA XS650

鼓煞內部要是過熱會引起熱衰竭效應，也因此催生了通風鼓煞的誕生，通風鼓煞主要藉由撞風效應將鼓煞內部的熱能帶走，此外將XS 的右邊鼓煞面板上的橡膠蓋移除，就成了散熱孔

著跑車加大鼓煞半徑，鼓煞觸發機構改為雙臂引導式設計以增加性能。

60年代的賽車不僅更進一步加大鼓煞半徑，還研發出雙鼓煞的設計。另外，為了抑制熱衰竭還在鼓煞面板上設計了排熱孔，外緣也設有類似引擎散熱鰭片的散熱裝置，雖然如此進化讓鼓煞變胖又變大，但是工廠賽車的鼓煞面板都是鎂合金打造的超輕量零件，卻證明了車廠曾經在鼓煞輕量化方面下過不少工夫。

此外雙臂引導式設計，雖然提供了強大的制動力，不過車子倒退時的煞車效果差強人意，因此市售車仍舊繼續使用單臂引導式設計／拖曳設計。值得一提的是，工廠賽車連後煞車鼓煞用的都是雙臂引導式設計。

單臂引導式設計／拖曳設計
雙臂引導式設計的差別

鼓煞的制動力其實不容小覷

煞車皮經過鼓煞偏心軸的推展會向外擴張，接著煞車皮會推向鼓煞內壁，藉由摩擦來減速，這就是鼓煞的作動原理，其實和碟煞大同小異。

煞車皮一端會固定於軸心上，另一端則用來讓偏心軸向外推展，不過鼓煞偏心軸的迴轉方向和鼓煞整體迴轉方向相同，稱為單臂引導式設計；固定軸側與鼓煞整體相同則稱為拖曳式設計。

雙臂引導式設計由於制動力極強，因此多用於大型車的前煞上，後煞車則多半採用構造較為簡單的單壁引導式設計／拖曳式設計。

不過制動力強歸強，鼓煞零件又大又重，操控性又不如碟煞，所以才漸漸被市場淘汰。

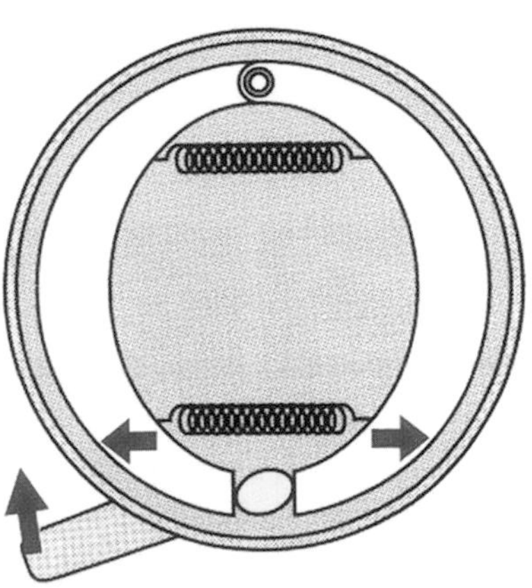

單壁引導式設計／拖曳式設計

外圍的鼓煞整體迴轉方式為逆時針迴轉的話，那麼右邊為引導煞車片，左邊為拖曳煞車片

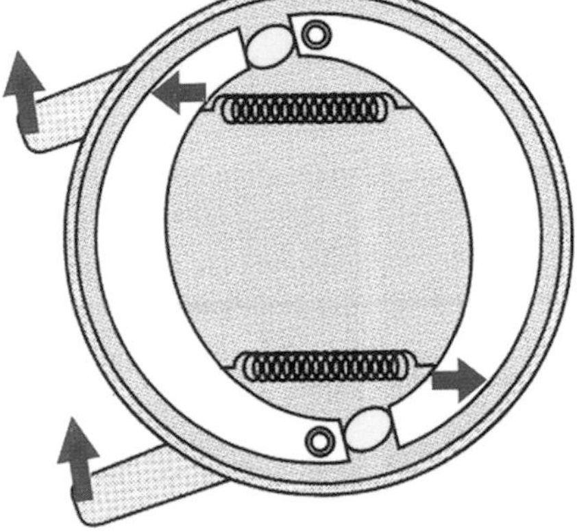

雙臂引導式設計

鼓煞整體迴轉方式為逆時針迴轉，左右任何一方都會進行引導，構造相當複雜

碟煞

雖然需要保持高壓油路，但整體構造簡單，無論是保修還是調整都很容易

鼓煞制動力比碟煞還強？

擁有40年進化歷史的鼓煞設計雖然比不上近年來的碟煞設計，不過古董賽車上的大直徑雙鼓煞裝置其實制動力相當驚人，效果比草創期的碟煞好很多。不過操控性則是碟煞大勝，另外鼓煞也因「簧下重量」偏重讓操控性扣分，加上鼓煞沒調好是很難發揮性能的（調校相當困難）。

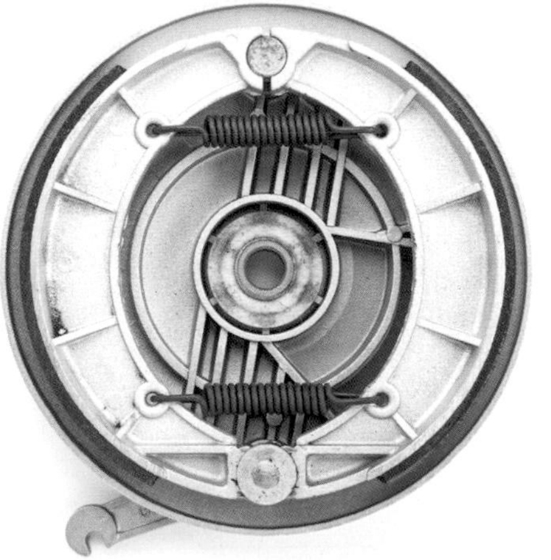

鼓煞

重量嚇人的鼓煞，必須花不少時間在調校和保修上，較不平易近人

狗腿式拉桿設計
有助細膩的煞車操控

鼓煞的制動力
其實不容小覷

因為外型酷似於狗的後腿，所以尾段向內彎曲的拉桿就被暱稱為狗腿式拉桿。

此種造型近年來已成為運動車款的標準配備，不過狗腿式拉桿設計原本是發跡於越野車界。

過去的煞車拉桿多為類直線設計，倒不是說類直線設計使用有什麼問題，但是越野車常常要做出油門、煞車同時操作的騎乘技巧，因此狗腿式拉桿相對較容易使用。

這項技術轉移到跑車上發現效果也不錯，因此沿用至今，也是狗腿式拉桿的典故由來。

講到拉桿形狀就不能不提到拉桿操控的方式，現代的狗腿式拉桿最適合的用食指和中指的兩指扣動方式來操作。

拉桿造型的時代演進

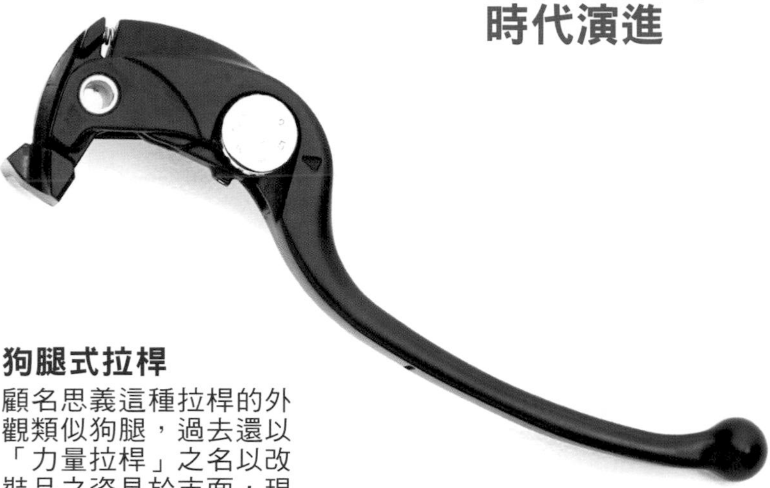

狗腿式拉桿

顧名思義這種拉桿的外觀類似狗腿，過去還以「力量拉桿」之名以改裝品之姿見於市面，現為跑車的標準配備

一開始只是根鐵棒

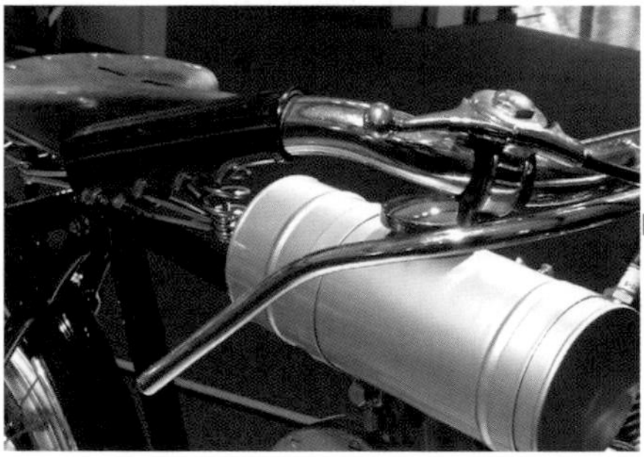

後來改為壓鑄鋼板

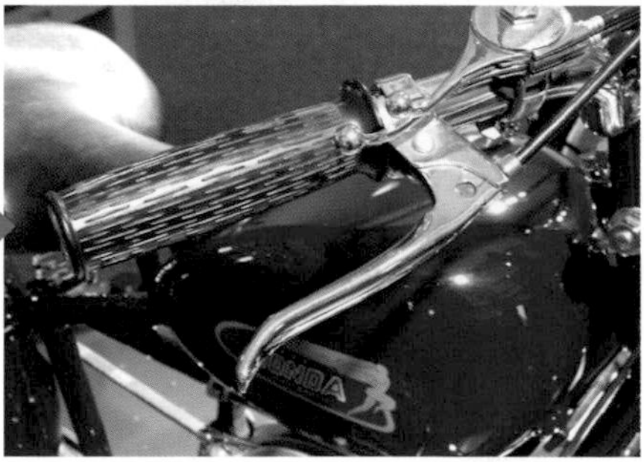

改為鋁合金鑄造

開始類似於現代拉桿的造型

出彎擺正

Contents >>

SUPER SPORT New Generation Ver. 4.0

Supersport New Generation

大手油門

「新世代超跑」宣告了騎乘感覺已來到全新時代
「大手油門」是享受騎乘極樂快感的不二法門
究竟我們的愛車能否達到這個境界呢？
其實答案很簡單⋯⋯。

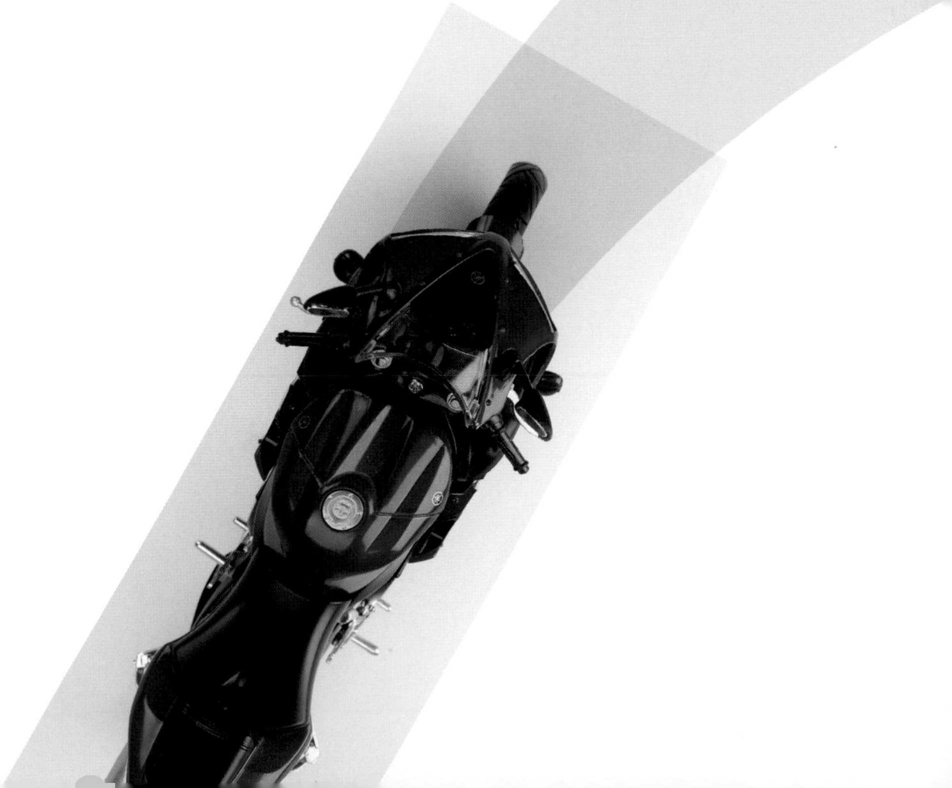

POINT 1

轉開油門激發循跡力提升抓地力

學習如何安全地增加動力就是新世代超跑的操駕方式

假如車子是配備有像是YZF-R1的十字曲軸與電控油門這類新世代跑車的標準配備的話，那麼過彎時要做的就只有大手油門跟等待而已。瞬間猛力加速而造成的後輪打滑問題不再復見

鼓式煞車 也曾經是市場的主流

出彎時大手油門的表現就是「新世代」跑車跟過去跑車的最大差別。

油門的操作技巧並不需要什麼長久的資歷或是高超的技巧，只要在引擎轉速位於2~3000轉的地方大手油門即可。

大手油門技巧使用的當下所要做的就是等待，漸漸地輪胎會緊抓路面，並且用強大的過彎力道向著彎道口脫離彎道，就像是MotoGP車手一般神勇，這種大手油門出彎所帶來的全新樂趣是過去所體會不到的。

在過去，即便用盡全身上下的膽識卻依舊不敢大手油門，但是為什麼在

扭力瞬間
大量湧現而出

以前的跑車要是沒有抓地力優異的輪胎加以配合的話，是沒有辦法獲得強大的過彎力道，不過到了全新世代，騎士要做的就是大手油門並且等待而已，接著靠著輪胎緊緊咬著路面的特性出彎，可以兼顧強大過彎力與加速性能。如果是配備有循跡控制系統的車輛，那麼後輪打滑的問題更是與之絕緣

拜電控設備以及引擎構造，新世代跑車能夠在保有最佳抓地力的狀態下漸漸增加

由於後輪驅動力確實傳達在路面，因此車輛能夠維持車輛行進時的穩定性，還能一邊過彎一邊加速

「新世代」卻能夠如此愜意呢？

這都要拜「新世代」跑車的電子配備所賜了，現代跑車的油門已經不是由騎士控制了，完全由電腦來調整當下最適合過彎的動力輸出，如此細微精確的調整，早已超過人類的能力範圍了。

簡單來說，這套自動調整機制並不會對騎士瞬間出現的激烈操作照單全收，反而以線性的馬力輸出予以對應，也許大多數的騎士認為瞬間湧現出來大量的馬力才有快的感覺，但實際上線性的扭力輸出，才能獲得最大的過彎效率。

那麼究竟過去的跑車是否也能做到「新世代」跑車的能力呢？其實只要能夠抓到這份感覺，那麼不管騎什麼車都能夠大手油門過彎的。

低轉大手油門加等待 是逼出過彎力道最重要的關鍵

MotoGP 廠車 也用低轉大手油門技巧

催油過彎的主要目的就是盡可能獲得最大循跡力，因此才需要催油，但是產生循跡力最佳的轉速域就是從低轉速域大手油門，轉速攀升的過程中才能帶來源源不斷的循跡力，換句話說過彎時高轉速催油只會突然急劇加速，無法順利過彎，若想要獲得足夠的過彎力道，那麼降低引擎轉速進入彎道將是正解。

就算是過彎速度驚人的 MotoGP 廠車在進彎時也會依照彎道的不同，用低轉速（大約 4000 轉）進彎。強大馬力輸出所以發出的驚人聲浪也許會讓人有種「狂暴馬力常伴我心」的感覺，但事實上並不利於過彎。

何謂循跡力？

將循跡力一詞直譯的話就是「驅動」之意，不過摩托車與車輛在驅動力啟動的情況下，車子一定會往某一方向穩定前進，而這便稱為方向穩定性，這個名詞通常會跟抓地力，也就是當驅動力湧現時，輪胎對路面“踩踏”所產生之力量。所以才會出現「循跡力大=過彎力道強」的說法。

低轉速
大手油門
可獲得
強大的「過彎力」

低轉到高轉的這段過程可產生出強大的循跡力，反之，高轉速的情況下所能夠得到的扭力不僅不多，循跡力也不易獲得

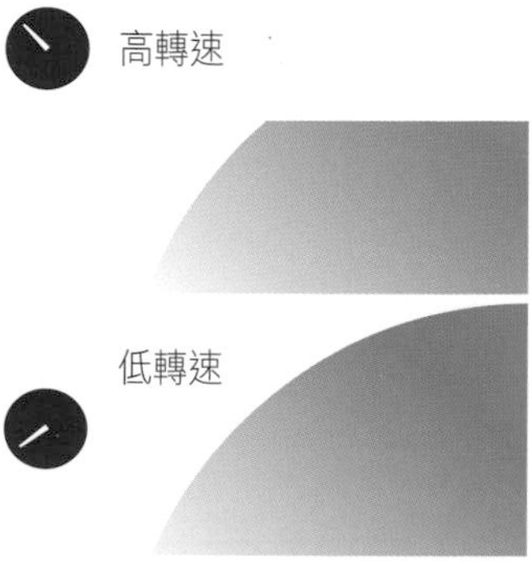

高轉速情況下不僅難以開油門，還會阻礙車輛的過彎，因此對於後輪驅動力量增加並無好處

低轉速時大手油門技巧施展容易，轉速上升所需之時間也較長，因此可產生大量循跡力

POINT 2

先果斷地催油門再接著大手油門

驅動力攀升的過程中才能激發循跡力

真正的低轉速域其實比想像中低很多

時常能在騎乘講座上看到「當車輛旋回趨於穩定後，就請在引擎低轉的狀態下大手油門出彎」的敘述，直線大手油門也就算了，但是彎道中要這樣大手油門那可不行！一聽到要在彎中大手油門，大部分的人都會有點害怕。

不過在新世代跑車上就不用害怕了。因為車輛的動力管理良好的關係，假如舊世代跑車的動力輸出方式能像新世代跑車一樣會自動調整馬力的話，那麼要大手油門出彎自然不是什麼難事。

只要在轉速 3000 以下的低轉開始大手油門就能夠清楚感受到扭力線性

3-1 低轉速是催油的最佳時機！

繼續保持大手油門的動作

接著繼續大手油門以榨出更多的抓地力，不過可別變成了慢慢催油了

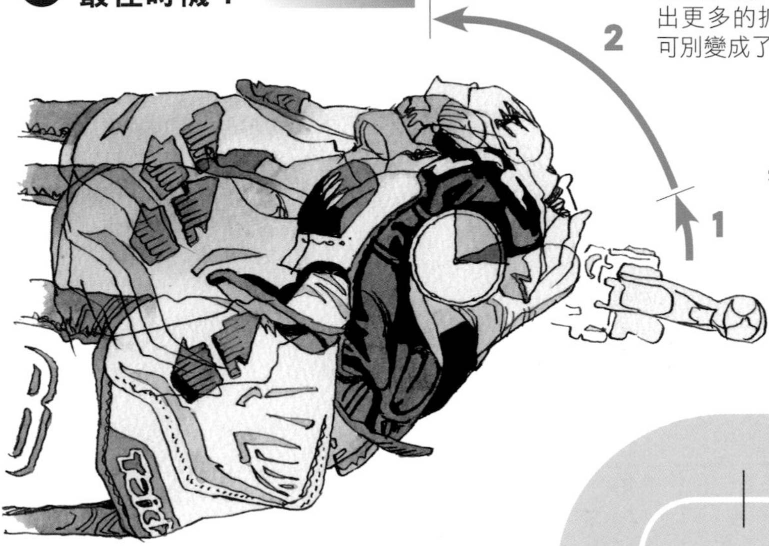

果斷地催油

以類似手腕稍微抽動的感覺催油門，要出現輪胎緊緊咬著地面的感覺才算合格

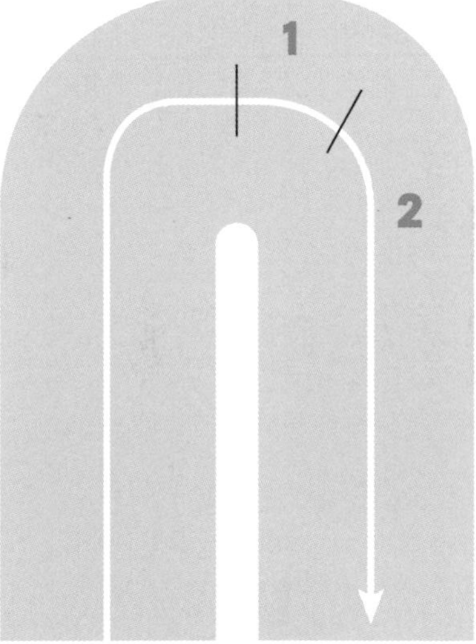

在旋回的中間區域，假如能在快要到達出彎點的地方稍微早一點快速催油的話，就能預先讓輪胎咬著路面，並且以此為基礎繼續大手油門下去。此外，低檔位高轉速會讓車輛加速過於靈敏而不利於油門的開　，因此盡可能以高檔位並且降低轉速的方式來過彎

湧出的感覺。

只要試過就知道過去以為4000轉以下力量出不來的想法，不過是種舊時的偏見罷了。所以不管是舊世代還是新世代，只要能低轉大手油門並且慢慢等待動力湧現，那麼一定可以在感受到輪胎抓地力增強的同時暢快出彎。

大多數人以為的低轉速域，其實都已經過高了，這點需要多加留意。

從低轉速的狀態下要將完全關閉的油門開到相當程度，到底還是要有點勇氣才能做到，所以在真正感受到輪胎咬著路面的感覺之前，可以先用快速小催油門的方式開始，然後再慢慢增加油門的方式達到目的。有了兩段式催油法，即便是沒有電控裝置的「舊世代」跑車，一樣可以低轉大手油門，享受全新的過彎樂趣。

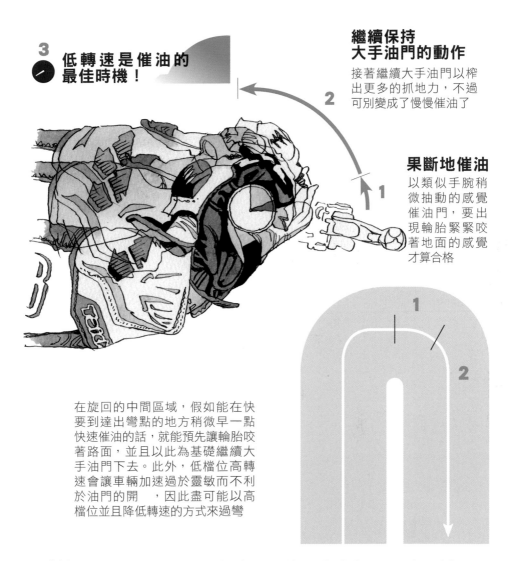

以為自己正大手油門 但實際上根本就沒有

明明腦袋就想要催油，但為何
「心中的限速器」卻一再介入？
引擎轉速總是比自己想的還要高

❶ 一邊試探一邊慢慢催油

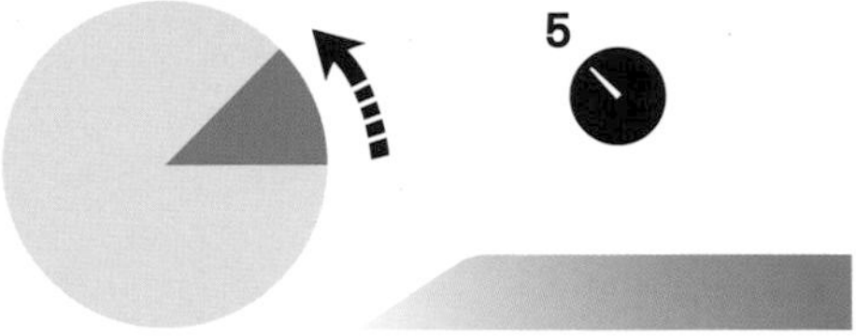

「慢慢催油法」

明明都意識到“非催油不可了！”，但是隨著車速快速增加，“這樣 ok 嗎？真的彎得過去嗎？”的心中 OS 卻不斷地響起。其實慢慢催油反而會讓引擎反應比較靈敏

❷ 轉開之後又慢慢回油

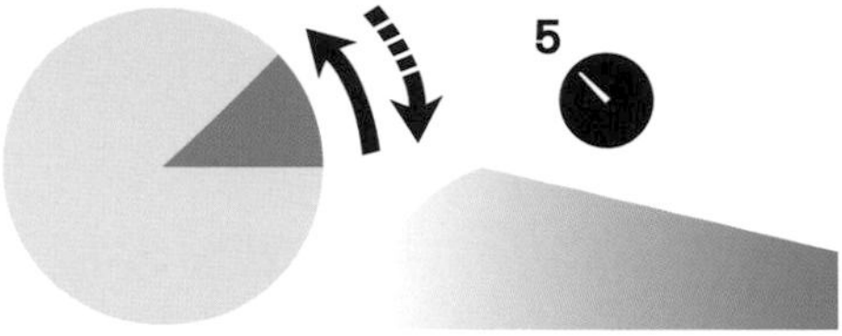

「扭扭捏捏催油法」

一開始的大手油門讓整個氣勢都起來，不過最後因為車速上升所帶來的壓力而慢慢回油，最後變成了含油門的狀態。由於轉速過高，瞬間敏銳的反應當然會帶來壓力

❸ 想催卻不敢催

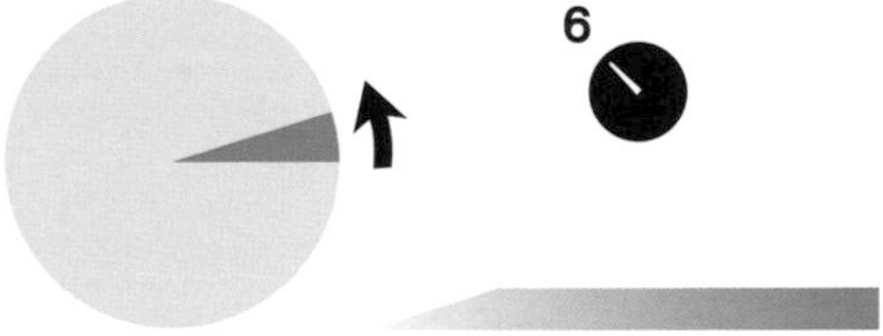

「鑽牛角尖式催油法」

轉速車速都上升超快的，衝啦！不過實際上油門能夠開啟的幅度相當有限，高轉速很容易讓騎士產生車輛反應靈敏的錯覺

❹ 順著反應回油

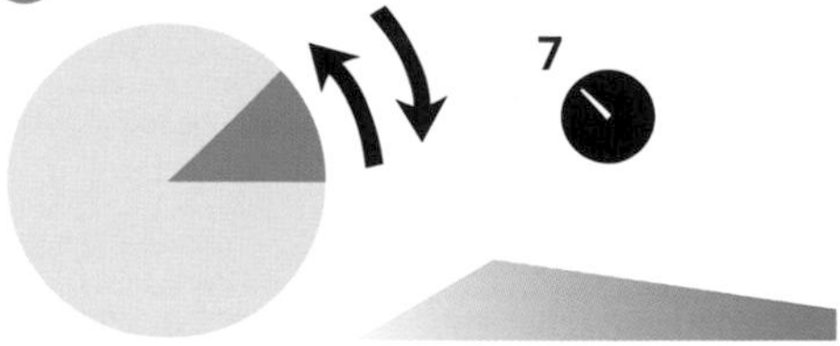

「俗辣式催油法」

催油後發覺車輛加速過猛，最後又將油門整個收了回去。最後只好在高轉速的情況下苟且偷生地過彎了……。這也是最讓人感到難過的催油法了

❺ 高轉速都不敢催油

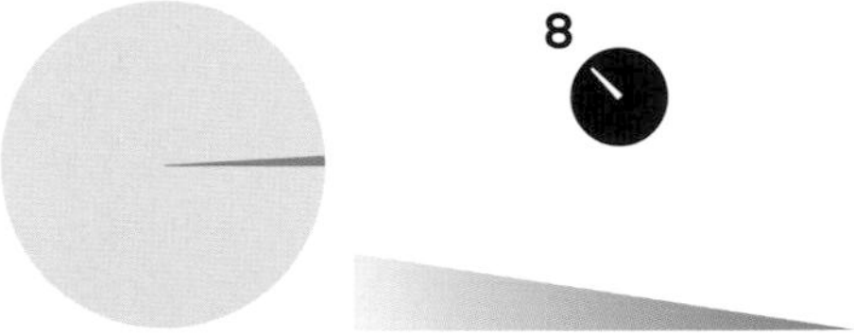

「油門從頭緊閉到尾」

進彎時引擎已位於高轉狀態，這時就算油門只催個 1 釐米，一定會馬上停止車輛過彎，並且用猛烈的馬力筆地直衝出去……。最後只能靠著引擎煞車來解決眼前的彎道，真是情何以堪

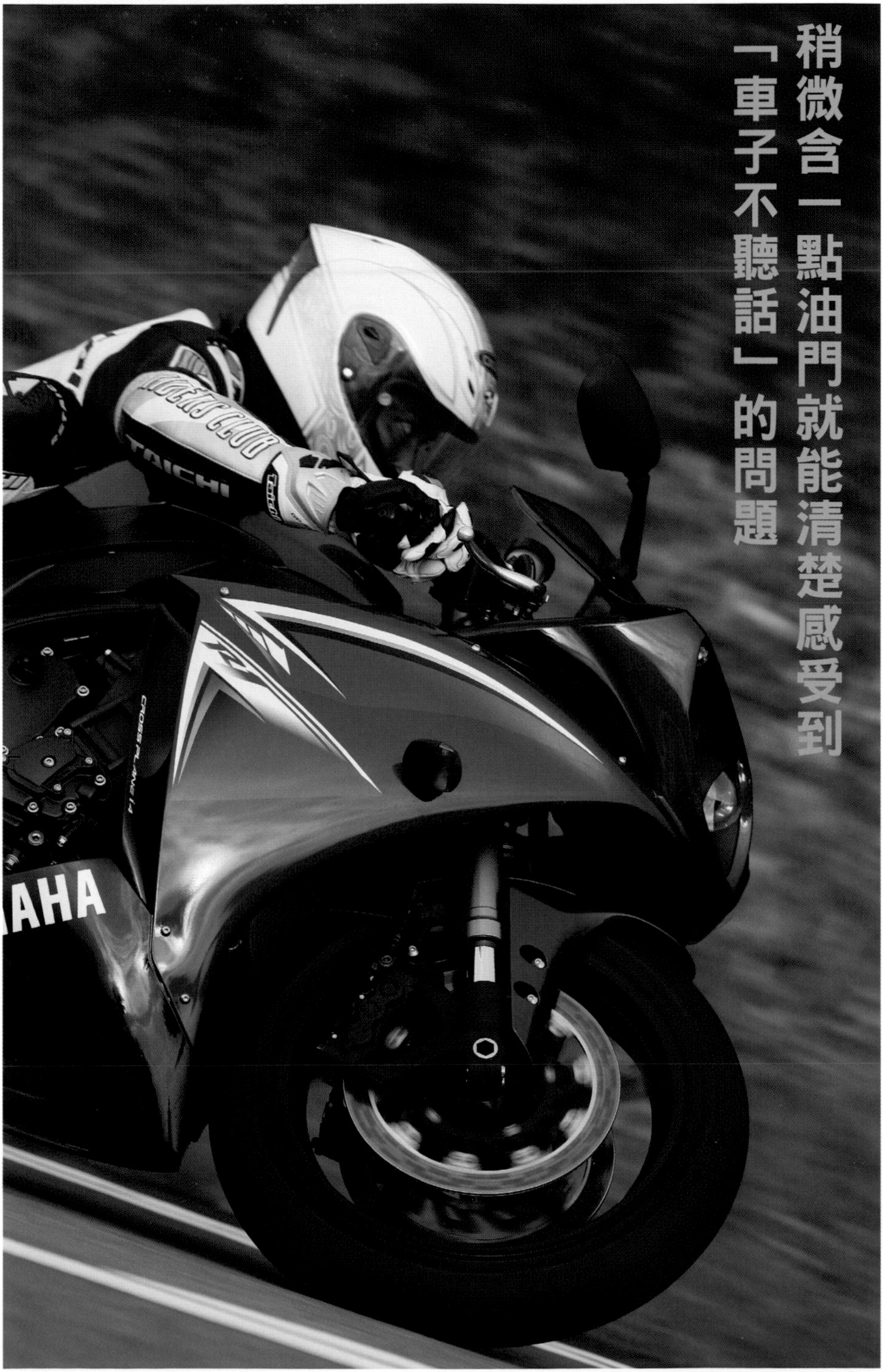

稍微含一點油門就能清楚感受到
「車子不聽話」的問題
TAICHI
YAMAHA

POINT 3

用腳踏支撐身體會損害大手油門的效果

只要出彎時一對腳踏施力，車子馬上就不聽話了……

對內側腳踏施力 曾延遲車身傾斜

身體隨著騎乘步調加快而僵硬，相信誰都有過這樣的經驗。造成彎道催油時所產生的"過彎力量"減弱的罪魁禍首正是身體僵硬。

也許各位有過類似的經驗，在過彎時稍微速度快了點的情況下，往到達彎道出口催油的同時，身體也做好了出彎的準備，但是車子往路肩防護欄靠攏的幅度之大卻又相當嚇人，油門不敢繼續催下去就算了，就算回油也是讓人心驚驚，當下能做的似乎只有狂念阿彌陀佛……。

這樣的問題多半是因為前頁所介紹之出彎循跡力不足的問題，不過其實在低轉大手油門的條件達成的情況下，身體僵硬是會將前述的種種努力毀於一旦的。

對彎內側腳踏施力是大多數的騎士容易出現的問題之一，主要因為進行側掛動作時，身體容易整個垂向彎內側，在無意識的情況下很容易將體重施加在內側腳踏上。另外造成這樣的現象還有一個原因，那就是一些騎士會以為對彎內側施加體重有助於提升過彎效率……因此才會有這樣的荒唐行徑。

不過這可是大錯特錯了，實際試驗一下就能夠清楚明白到，在體重大量置於腳踏上而非坐墊上的情況下，車子的確是會往體重施加的方向移動，但事實上過彎時騎士的大部份重量都是置於坐墊上的，因此在這樣的狀態下對彎內側腳踏施力，其實只會引起反作用力而已。

另外當身體重量置於腳踏上時，容易讓上半身緊張僵硬，當身體重量無法有效加載到坐墊上這點而言，這也是不建議的理由之一。另外手肘極端打直，就像是速克達比賽那樣將身體極度往前方擺放的姿勢也是錯誤的，因為這麼一來會造成坐墊上的荷重流失，進而失去加載於後輪的力量。

其實最簡單的方法就是降低肩膀的高度，降低彎內側的肩膀高度可提升內側腳踏施力的難度，也能感覺到自己的體重確實加載在坐墊上的感覺，最後更有助提升過彎的效率。假如能與油門操作配合的話，就能清楚感受到臀部的重量確實加載於後輪之上的感覺。催油的同時，後輪抓地力的感覺隨之而來，接著將肩膀往彎內側低伸而去，如此可增強到臀部往坐墊下陷的感覺，能夠做到這點就代表你成功了，其實並不需要太快的速度就可成功，只要反覆多練習幾次一定可以做到的！

出彎時大手油門的瞬間
身體無意識僵硬，
進而對彎內側腳踏施力
結果車身馬上擺正
後輪循跡力也瞬間減弱
難道過彎是不能踩腳踏的嗎？

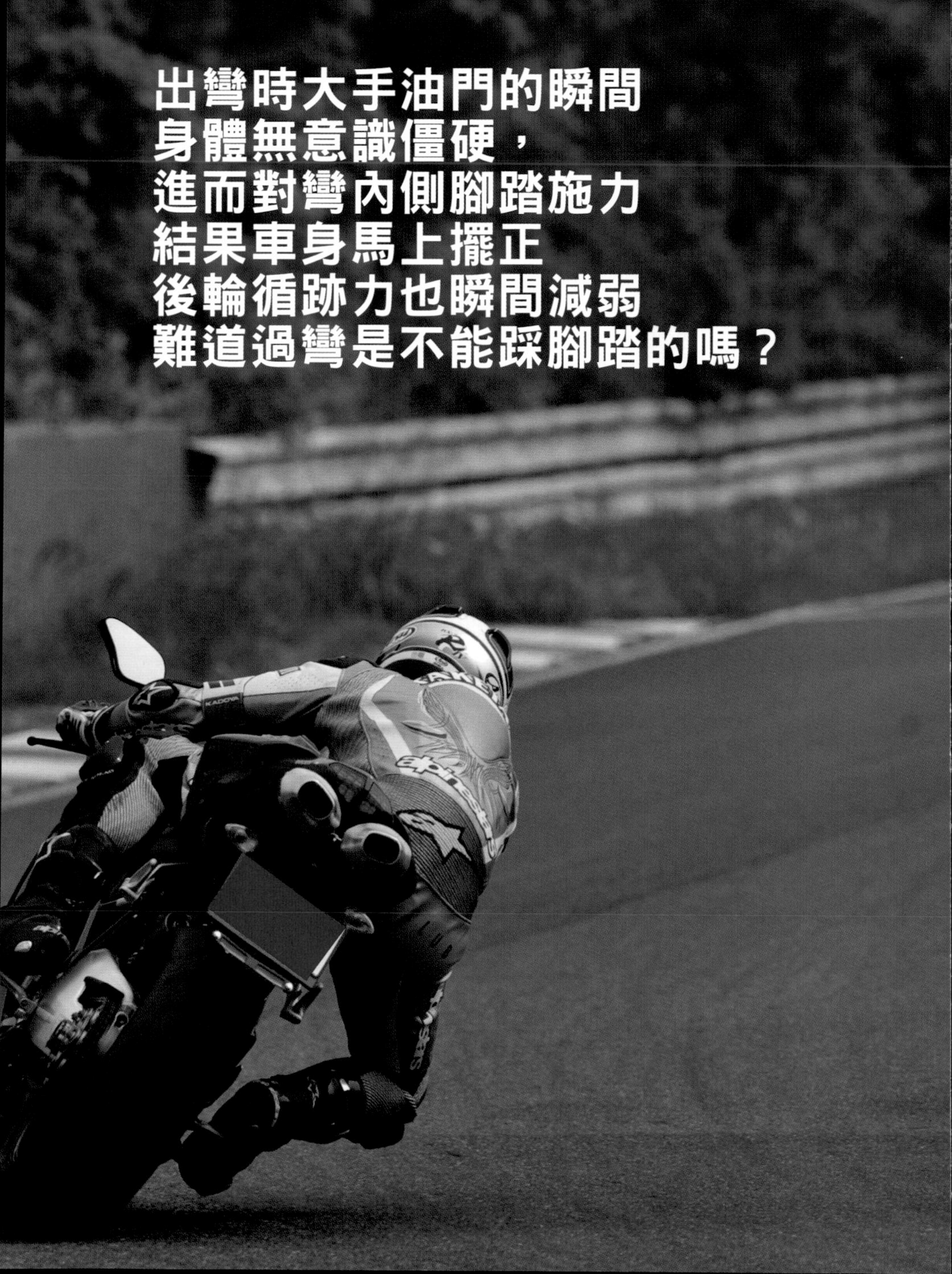

看似對腳踏施力但其實不然！

觀察身體側掛約一個拳頭寬的騎士在傾角完全吃滿的狀態下，看似腳正踩踏著腳踏，甚至是用腳來支撐身體，但其實這時腳什麼也沒做，一旦腳對腳踏施力，那麼只會中段傾角的下探而已

將體重分配在容易感覺到後輪的方向

那麼體重該置於何處為佳？其實只要將身體沿著貫穿身體的重心線，直接向著後輪接地點擺放即可，只要體重放對那麼就不會對腳踏出力了，不僅在車輛傾倒時能夠擁有良好的過彎力道，還能用離心力讓身體與車子保持良好的默契

不會對腳踏施力 要多下點功夫！

「我也知道不行，但就是會對腳踏施力」，假如是這樣的話，就請多多鑽研鑽研腳擺放的方式吧，內側腳尤其注意，找到讓腳踝不會感到緊繃的位置是上上之策。確實將腳掌內側置於腳踏上後會發現到其實這樣腳會很容易對腳踏出力。所以多多嘗試將腳側面、腳趾輕貼於腳踏上，或是將腳內側輕貼於腳踏邊緣的種種方式。效果可是相當驚人

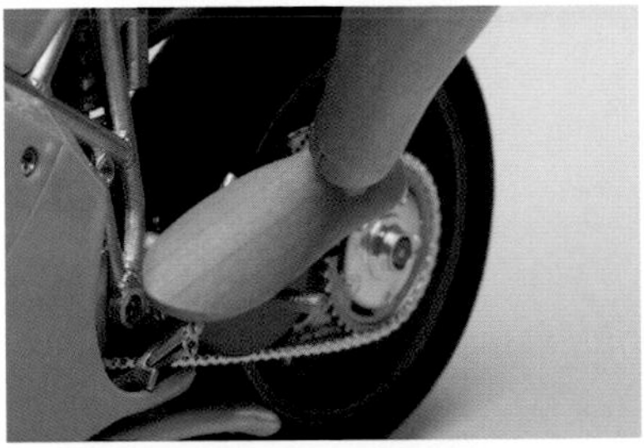

如何縮短含油門的區間 低轉速是唯一方法

「新世代」的跑車從旋回中盤開始就能夠大手油門過彎，不過之前的跑車就沒辦法如法炮製，很容易就會拉長過彎含油的區間。總之低轉速是唯一解，過彎時盡可能拉高檔位，引擎轉速掉到快要熄火的狀況。假如覺得車輛加速力道很不怎麼樣的話，那就代表你作對了。能做到這點應該就敢大手油門了

「新世代」車款的過彎路線

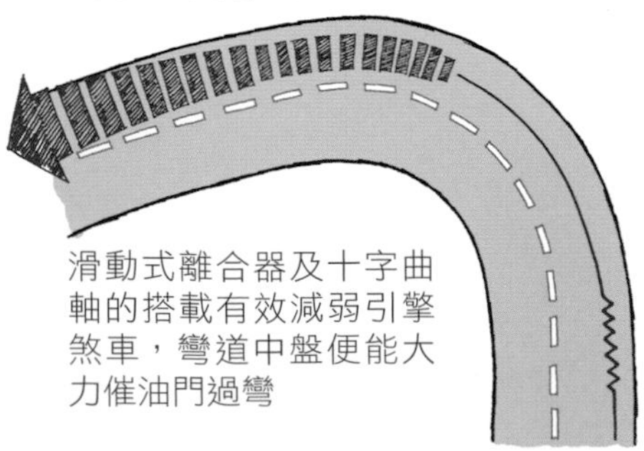
滑動式離合器及十字曲軸的搭載有效減弱引擎煞車，彎道中盤便能大力催油門過彎

一般車的過彎路線

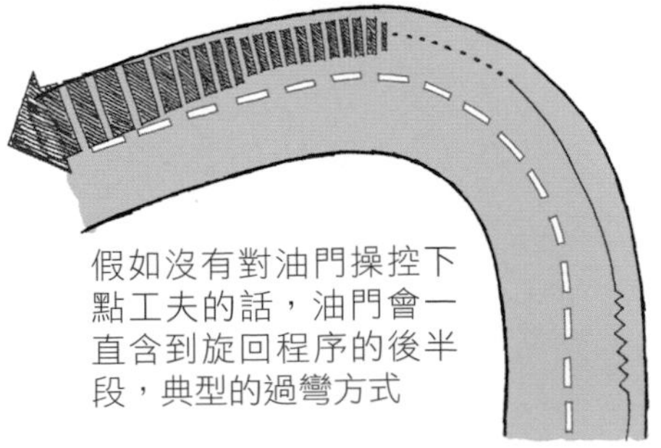
假如沒有對油門操控下點工夫的話，油門會一直含到旋回程序的後半段，典型的過彎方式

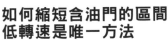

POINT 4

煞車不點頭有助於大手油門

光用蠻力是得不到滿意的制動力的

為何有了ABS
過彎速度反而更快？

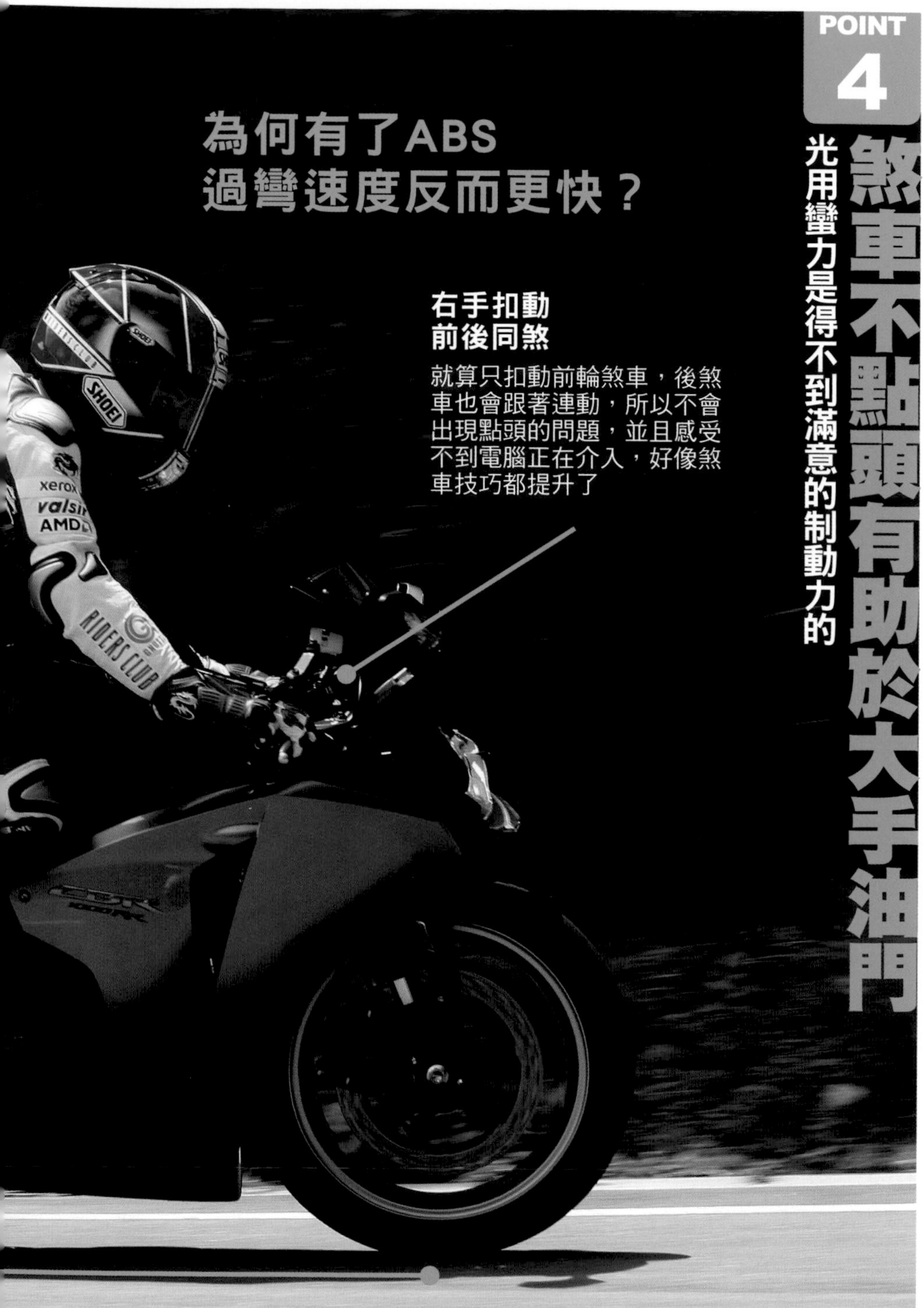

右手扣動
前後同煞

就算只扣動前輪煞車，後煞車也會跟著連動，所以不會出現點頭的問題，並且感受不到電腦正在介入，好像煞車技巧都提升了

煞車翹後輪嗎？
減速效率不彰？
ABS都把
問題解決了！

踩一煞二

就算只踩後煞車，前煞車也會跟著連動，就算大力重踩，車輪也不會鎖死，如此自然提升騎士使用後煞車的意願。另外，前叉也不會唐突地下沈

任何地形
都不會鎖死

在易滑路面上，就算用突然用力緊握煞車拉桿，ABS一定會馬上啟動，車子也絕對不會鎖死。還有一點跟過去ABS不同的是，不管是煞車拉桿還是煞車踏板，完全沒有傳統ABS的那種機械反彈感，觸感相當自然

3 迅速扣動到來令片接觸碟盤

拉動煞車拉桿時請按到觸感出來為止，當碟盤與來令片產生制動力時，前叉行程便會開始壓縮，由於與煞車效力互相平衡，制動力便開始對路面展開作用

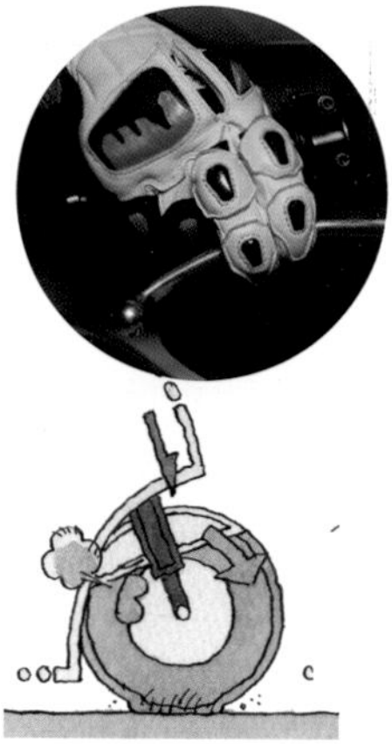

4 感受到反作用力時就一口氣地扣動拉桿

在這個時機按下煞車時，便可感受到強力的煞車制動力，由於前叉與煞車效力互相平衡，車子就不會發生嚴重的向前點頭

新世代車款的ABS可以減緩點頭問題

電控式統合ABS（C-ABS）雖然ABS是主角，但這次我們的目光其實是在「統合」這個部份。統合系統其實是一套能夠分配前後煞車力道的煞車控管系統，這套系統可大幅提升車輛進彎的性能。在C-ABS的加持下，進彎時可保持好行車動態避免煞車點頭現象，還能提早催油的時機。另一方面，沒有配備C-ABS的車輛該如何做到這一點呢。

當我在騎乘「新世代」的CBR時注意到煞車使用的意願比過去高上許多，也因此煞車力道過大或是煞車時要控制自己以防按到太深的事情已不復見。用前煞車消除前叉的遊隙之後，就能使用兩段式煞車技巧了，這麼一來前叉行程就不用作的太深入，當然煞車也不容易點頭了。這麼一來，初期煞車時就能用力煞車，到達轉向點時再慢慢將煞車放開。假如這樣做會覺得前叉點頭的太嚴重的話，那麼可以稍微用一點後煞車予以減緩此一現象，後煞車踏板稍微輕點一下就能得到不錯的效果。

1 回油 準備煞車

就算只踩後煞車，前煞車也會跟著連動，就算大力重踩，車輪也不會鎖死，如此自然提升騎士使用後煞車的意願。另外，前叉也不會唐突下沈

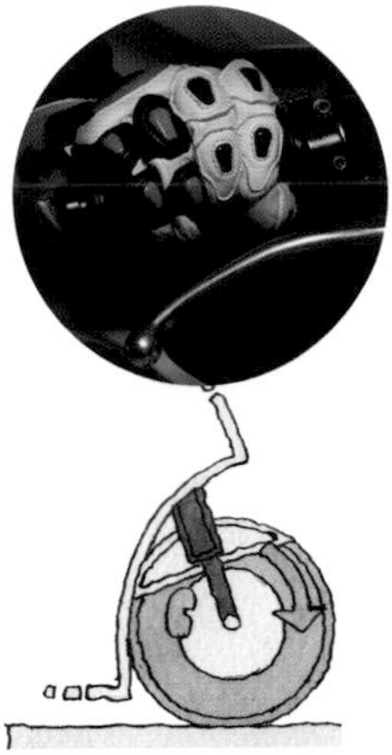

2 手指伸向煞車拉桿 取消拉桿間隙

接著將食指以及中指伸出，並且用指腹拉動拉桿以消除拉桿的遊隙。此時煞車效力依舊尚未啟動

Front Only

煞車只煞前煞的話，只會出現前叉大幅下沈以及點頭的現象，兩段式煞車就可有效抑制煞車點頭的症狀

Front + Rear

後煞車也一起並用的話，後避震便會因煞車作用力下沉平衡前叉下沉的情況，這樣一來煞車點頭的情況就不會出現

不習慣兩段式操控時 可以試看看前後併用

當騎士在高速行駛時扣動前輪煞車，前叉會開始壓縮下沉，所以如果可以熟練「兩段式煞車技巧」的話，可以讓制動力與前叉的反作用力達到巧妙的平衡，讓前叉行程不會壓縮過度，避免煞車點頭的問題。

假如一口氣用力握住煞車拉桿的話，那麼就會出現煞車點頭的問題，對於這方面來說，使用後煞車是有效減緩此一現象的手段之一。

後煞車的使用可壓縮後避震器，以減少煞車點頭的症狀，另外，超跑車的後煞車多半不是用來制動，而是為了維持行車動態而配備的，因此請各位多多利用煞車，才能獲得更有樂趣和安全的操駕體驗。

POINT 5

原汁原味的歐洲旗艦車款

現在就連專為賽道設計的市售跑車都開始意識到車輛在操控上比馬力重要

直接體驗 新型態跑車樂趣

歐洲車廠日漸積極推出配備有尖端科技又具有世界觀的全新跑車，真是讓人感受到了世代正在劇烈改變中。Aprilia RSV4 Factory 大概可說是最熱門的歐洲製造跑車。

超苗條的引擎擁有65度夾角V4缸的設計，另外還配備有線傳飛控可變式進氣岐管，滑動式離合器以及全部共三種不同行車操駕模組，這台RSV4其實是為了參加2009年度WSB賽事（世界超級摩托車錦標賽）所打造出來的，整台車從頭到腳都是全新設計。此外，這一代的V4引擎也是Aprilia初次嘗試的作品。

APRILIA RSV4 FACTORY

Aprilia車廠在WSB賽事中有比亞吉(Max Biaggi)以及中野真矢兩大車手坐鎮，比亞吉更是因為奪下了不錯的成績讓全世界都看到RSV4的實力。這台RSV4 Factory正如其名是一台配備有Ohlins前叉以及碳纖維外殼的特別版跑車。

試乘車手如此評價：「有種介於雙缸與四缸中間的觸感，車輛實際速度比體感速度要來的快上許多，雖然偏高的座高不利於置腳性能，對一些騎士來說是種考驗，但是車身纖細程度可媲美雙缸車彎道的表現又相當優異」

原來一台介於雙缸車與四缸車之間的車輛是這種感覺，新世代跑車已經不再著重馬力，而是操控性所帶來的樂趣。

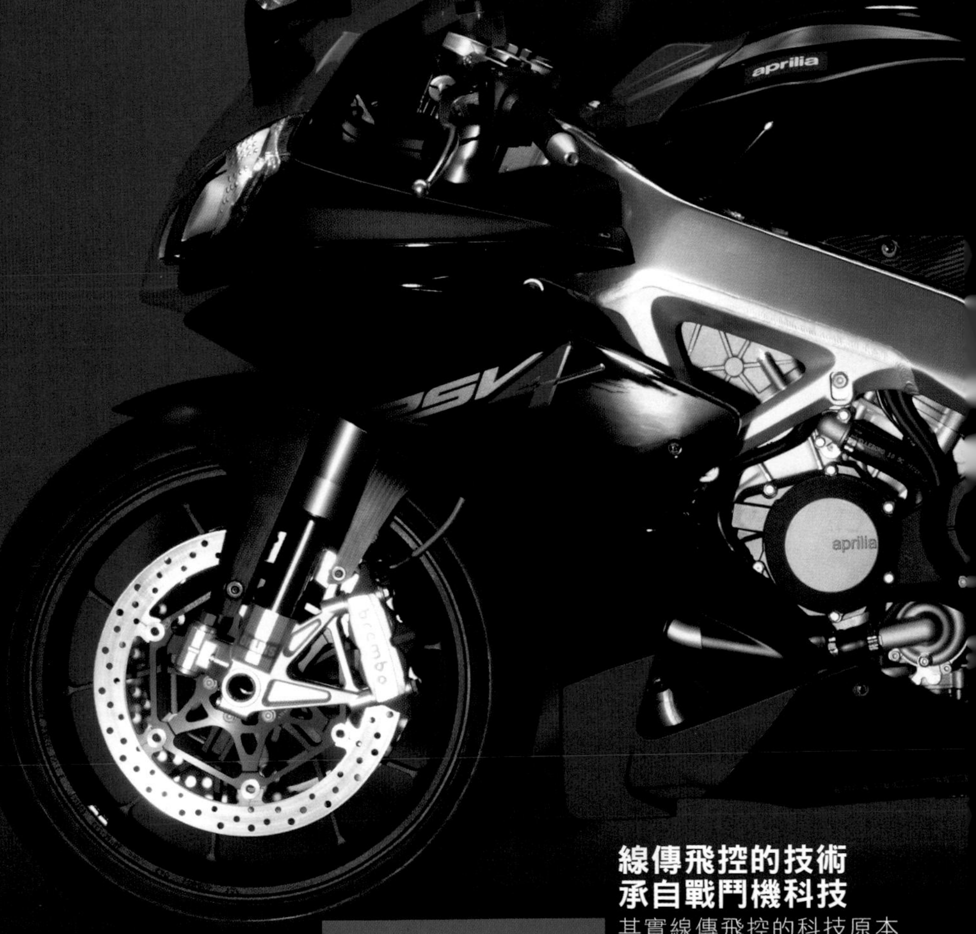

線傳飛控的技術承自戰鬥機科技

其實線傳飛控的科技原本是用來連結戰鬥機操縱桿、方向舵以及升降舵的電控科技，原本用於輔助戰鬥機駕駛的技術現在也能在摩托車上看到了

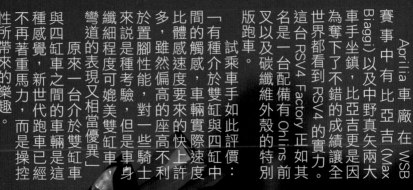

POINT 6

新世代大活塞前叉將帶起一波潮流

SHOWA所開發的「BPF」，將是新世代跑車的高性能前叉

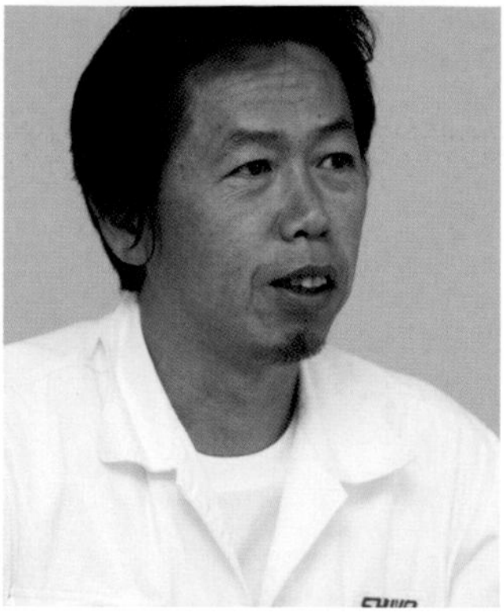

摩托車泛用研發部門
摩托車懸吊研究整合
指導員
佐籐公俊先生

研發總部
摩托車懸吊研發部門
主要幹事
松原 泉先生

研發總部
研發總務部門
研發總務淺羽整合
總監
上永勝彥先生

研發總部
摩托車懸吊研發部門
設計整合
指導員
村上陽亮先生

大口徑的前叉已經是新車款的主流

SHOWA所開發的「BPF（Big Piston Fork）」，乍看之下其構造似乎與過去的倒叉沒有什麼差別，但是其實回彈阻尼與壓縮阻尼全都設計在前叉頂部，反而是彈簧預載設計到了前叉底部了，這樣的構造頗令人好奇，畢竟難以從外觀參透它的實際效用。

不過只要是試乘過的人都會做出〝路面追從性好到不行，安全性優異，接地感讓人深感信心〞的評價等等。究竟BPF與現在的倒叉有何不同呢。我們這就來訪問研發BPF的SHOWA避震器公司。

「過去的倒叉都是內

匣式（Inner Carteidge）設計，也就是讓阻尼效力產生的機構獨立存在的設計，全部機構都在前叉內管裡面，其實這個設計已經有20年沒有更動過了，但既然超跑車的馬力、輪胎抓地力以及煞車制動力都有大幅度的進化，自然前叉性能也要予以提升與之呼應才行，特別是增加壓縮阻尼性能這方面來說，如果只是增加阻尼孔簧片的剛性，性能增加實在有限。因此增加壓縮阻尼活塞的口徑是最好的方法，不過這麼一來重量就會比舊款的倒叉還要重了，而且生產成本也會跟著上升，不過在2000年的時候就解決了重量問題，因此整個計畫並不是單純將阻尼活塞加大這麼簡單而已，這些問題一一解決後，BPF就正式誕生了。」

捨棄舊有設計 輕量化且增加性能

捨棄過去的內匣式設計，將前叉內管當作一個阻尼壓縮缸後，BPF的阻尼活塞口徑從過去的20mm增加到39.6mm，增加幅度將近2倍之多，與阻尼內部壓力比較後發現，新避震的阻尼壓力只有過去的四分之一而已，過去的小口徑阻尼活塞由於阻尼壓力較高，因此壓力上升需要花較多時間。BPF的大口徑活塞可以用較小的壓力以獲取大量阻尼效力，在降低零件的摩擦係數後，還能提升其反應。此外BPF前叉更成功減少了零件的使用數量，因此讓重量比前幾代輕了720克之多。

如同前述所言，倒叉的內匣式設計已經有20年未曾更動過了，操控性也到了其所能發揮之極限，事實上過去賽車專用的倒叉為確保性能優異，因此構造上與市售車的前叉有很大的不同，而BPF的基本構造與工廠賽車所用的前叉，不管在構造上或是性能上幾乎都是同等級的，兩者差異甚小，不過就是所需要的開發時間比較久就是了。

不斷地重複實驗 兼顧舒適度與耐用度

「2000年的時候我們就已經打造出第一款試做品了，不過試車手在試乘過後卻明顯提出其優點以及缺點，其中的『反應靈敏』其實就是『死硬』的意思，特別是有時候騎士是在相當悠閒的心態下騎乘市售車的，因此前叉必須要具有一定程度的柔軟性才行，反應靈敏在某方面來說與舒適性正好是完全相反的特性。雖說加大阻尼活塞簧片的彈性就可以解決問題了，但是這樣畢竟耐用性不佳，簧片容易斷裂，這狀況在量產車上是絕對不容許出現的，因此我們必須要一再試驗各式各樣的阻尼簧片的形狀以及硬度，這才解決了耐用性的問題。」

全方位的進化 增加騎士的操控信心

一般騎士在騎乘的時候可以很容易地抓到前叉的行程作動感，由於前叉的阻尼效力在煞車初期狀態下就會發揮出來，因此除了煞車操控幅度大增之外，也成為騎士操控超跑車的信心來源之一。

進行了不知多少次進化試驗的BPF前叉正是新世代跑車所追求的前叉，新車不僅是電子設備，機械構造也是一同進化。

POINT 7

改裝式循跡控制系統的威力如何？

究竟「改裝式循跡控制系統」能為現行車輛加多少分呢！？

GRIPONE 幾乎通用於所有車輛上，雖然說拉高循跡控制系統的介入等級後，車子的確是很難出現輪胎打滑現象，不過也切勿過度依賴

巧妙地輔助騎士 維持行車安全

世界最高峰的MotoGP以及WSBK賽車現在都已經將「循跡控制系統」列入標準配備了，當油門開啟，驅動力超過輪胎抓地力時，循跡控制系統就會適時介入以避免輪胎打滑的現象發生，是項保護騎士的重要裝置。

藉由電控裝置以調整點火系統、燃料噴射系統以及節流閥門裝置，以此調整車輛的驅動力輸出。如此騎士就能在不需刻意調整油門開度的情況下保持車輛的抓地力了。

循跡控制系統的設計相當複雜，因此現行尚未配備循跡控制系統的車輛應該是「不可能」安裝的吧？才怪，其實市面上已經有改裝式循跡控制系統了。

這邊所要介紹的改裝系統叫做「GRIPONE」。

單純的設計原理 量身訂做循跡控制系統

雖說GP賽車上的循跡控制系統極其複雜，但其實GRIPONE的設計相當簡單，主要由感測ECU以及前後輪轉速的感知器以及一些線路所構成，安裝實屬容易。

作動原理方面，其實就是以前後輪轉速感測器來進行感測，當前後輪打滑時，ECU就會開始介入引擎的點火以達到降低驅動力的目的，如此可有效抑制後輪的打滑問題。

此外，四缸車的插手介入機制主要是控制四缸中的其中一個汽缸，如此就可進行細微的介入作業。另外GRIPONE本體還有調整按鈕，可依照需求調整系統插手介入的程度。

構造介紹完後，令人在意的就是實際效果，為此特別在岡山國際賽道準備了配備有GRIPONE裝置的GSX-R1000以供測試。

實際測試的效果 令人非常滿意

戶田先生首先將設定設在符合自己的騎乘習慣的位置，戶田先生喜歡系統幾乎不插手介入的設定。假如在出髮夾彎時油門多灌了那麼一些，又運氣很不好地剛好碰到路面突起的話，那麼後輪就會瞬間產生「橫移」現象。

接著增加循跡控制系統插手介入的程度，再進賽道一次試試看。接著在剛剛同樣的髮夾彎，同樣用稍大的開度開 油門後發現到，剛剛的「橫移」現象消失了！

此時GRIPONE的作動警示燈也跟著亮起，雖說作動時並不會產生什麼聲響，但就是會感覺到引擎運動正「嘰嘰嘰嘰」地受到干擾著，這感覺真是太令人不可思議了。

對於一般騎士 也有助於提升安全性

改裝式循跡控制系統確實有助於騎士操控車輛，不過這項系統對於騎車不太殺的騎士來說是否也有所助益呢？答案是肯定的。大家一定都碰過輪胎稍微打滑的現象，也因為這樣原本自信滿滿的幹勁就這麼嚇飛一大半了。

其實GRIPONE也能處理這種狀況，設定上還能對應雨天溼滑路況，長程旅遊的時候假如突然碰到暴雨，GRIPONE也能好好輔助騎士操駕，安全地享受騎乘樂趣，這也是循跡力控制系統的最大用處。

利用極低轉速才能享受行車樂趣

「彎道中大手油門？」，一聽到這個，後輪打滑，彎中催油危險至極等等的事情一股腦兒湧入腦中，在以前還覺得這是個"不能做的禁忌"。

「不然把轉速降低試試看」之後根本老大提出了這樣的建議，於是便將轉速降到5000rpm試驗看看，不過轉速還是太高了。90年代的超跑車在5000rpm時的動力輸出就已經很不得了，怎麼說都沒辦法在彎中這麼幹。一旦強大的驅動力付著於後輪上，輪胎對路面的抓地力就會隨之減弱，但轉速就是一股腦兒的攀升。循跡力等於驅動，所以說加速時不也表示車子的循跡力正作動著嗎？不過彎中油門時總是讓人忐忑不已……這問題始終困擾著我。

其實答案是「更低的轉速」，根本老大說：「你就當被騙，用2000~3000rpm過彎看看」，但儘管如此「轉速這麼低，就算大手油門，也不會產生足夠的循跡力，更何況轉速太低還會產生引擎金屬撞擊聲，反而把引擎操壞掉……。」當時對這樣的建議真是疑神疑鬼。

不過在實際試過後，發現效果相當不錯！而且正如所預想的，在彎道中段時，就算提早開油門，引擎也沒啥反應。原本想說可能加速感覺薄弱的事情也沒有發生，而且還恰恰相反，油門開啟後扭力是線性且一波波地湧現出來，對於後輪抓地力增強的感覺真是再清晰不過了。

這種感覺就像是突然衝出又臭又長的雪山隧道

油門不是一扇為快而開的門

般地令人震撼，「什麼嘛，原來這麼簡單就解決了困擾我以久的問題！」

當時以我的能力根本用不完超跑那源源不絕的馬力，不過就是因為喜歡跑車，所以無論如何都想要一嚐這種滋味，也因此當時還陷入「順順騎車」或是「回到過去那光憑膽識，高轉過彎的危險騎乘方式」的長考當中。

當時打破這股頓塞感的正是「彎中催油」所帶來的樂趣。

今日的「新世代」跑車更是藉著高科技的引擎管理技術以及電子設備，讓任何一位騎士都能嚐到超跑車那猛烈的性能，而且還配合著強大抓地力以及安全感來感受彎道的魅力。對一些以運動跑車為興趣騎士而言，這樣一個新時代的到來自然是歡迎之至。

無論電控設備進化到什麼程度，主導車輛的還是騎士，每位騎士對於「人車一體」追求都是不變的。

「其實除了用高轉速搏命騎車外，這世界上也有更能享受騎乘樂趣的方式」，當我意識到這層意義後，至今的騎乘格局更甚以往，而且還將持續下去。假如我當時執意用高轉速的方式騎車的話，那麼我現在可以已經封車不騎了。油門不是一扇為快而開的門，騎車時確實感受到輪胎的抓地感才是最佳的騎乘享樂方式。

2019

MOTOR CYCLE SHOW

RIDE for FUN

騎・遊・樂

憑票入場

酒哥
雷尼
CC
百輛新機種齊聚
超多款火熱機種任您騎
最強新車發表

活動官網：www.taiwanmotorcycleshow.com

活動 FB 專頁：國際重型機車展 Taiwan Motorcycle Show　IG：@TaiwanMotorcycleShow

每天開展十點前
限量200名
送您紀念品

2019國際重型機車展

7/18(四) 特別開放記者日

(歡迎國內各大媒體記者及摩托車相關業者憑名片入場)

7/19(五)-7/21(日) 開放一般民眾

(憑票入場，全台Familynet全家超商均有售票，票價100元，還可抽機車喔！)

10:00-18:00

新北市工商展覽中心

(新北市五股區五權路1號)

/主辦單位/

TOP RIDER 流行騎士雜誌

MOTOR WORLD 摩托車雜誌

指導單位：台灣區車輛同業公會
協辦單位：中華民國摩托車運動協會/中華民國機車商業同業公會全國聯合會
臺北市機車商業同業公會/新北市機車商業同業公會
日本枻出版社/牡丹全盛國際行銷股份有限公司

協力媒體：小老婆汽機車資訊網/Moto7/Supermoto8
BikeIN/CybeRider/MotoBuy/G8iker

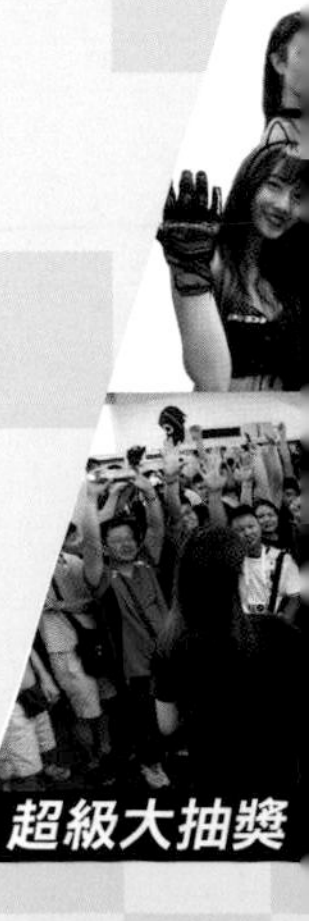

系列叢書

你有關於大型重機的疑難雜症嗎？

大手騎乘技巧書籍

高手過招 2

作者：根本健
定價：350 元

《高手過招 2》彙整《流行騎士》2016 年到 2018 年連載內容，無論是摩托車設計與運作原理解說、操駕技術疑難的克服方式、部品與調校的應用到開拓重機人生新里程碑的指南，根本先生以其深厚的知識經驗解答疑難雜症，幫助你隨心所欲享受摩托車樂趣！

高手過招：重機疑難雜症諮詢室

作者：根本健
定價：350 元

前 WGP 車手根本健執筆的《高手過招》來解答你的重機問題！分為「機構」、「操駕」、「部品」、「雜學」四大單元，從機械原理、操駕技巧、部品保養、旅遊知識到保健秘訣，細膩解答關於大型重機的所有疑問，幫助你化解難題、快樂享受重機人生！

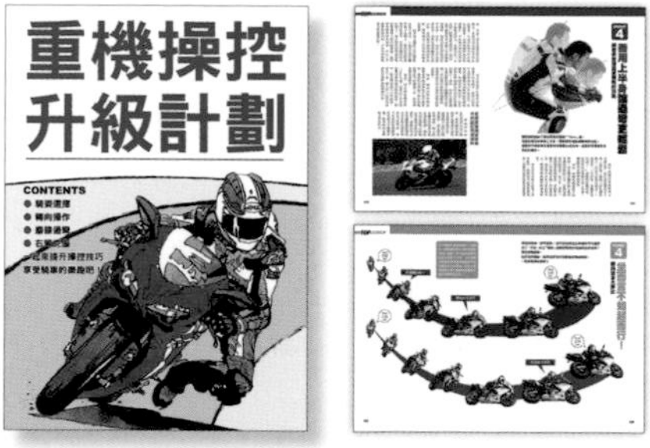

重機操控升級計劃

作者：流行騎士編輯部 / 編
定價：350 元

看別人騎大型重機殺彎帥氣無比，自己騎乘時總覺得哪裡不對勁？跟著流行騎士系列叢書《重機操控升級計畫》從騎姿選擇、轉向操作、磨膝過彎到克服右彎，
一步步提升操控技巧，享受騎乘的樂趣吧！

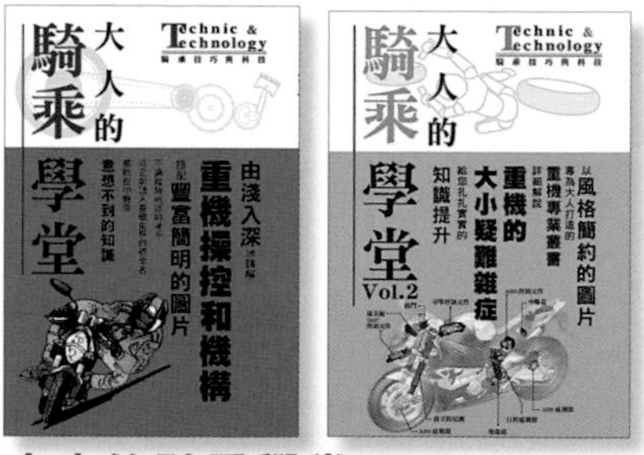

大人的騎乘學堂 1&2

作者：流行騎士編輯部 / 編
定價：350 元 / 本

摩托車的機械構造與駕馭技巧息息相關，唯有通曉其原理才能發揮性能。本系列精心整理 26 項騎乘課題，交叉講解科學原理與應用技巧，讓你一次開竅。特別附錄街車騎乘道場，親身體會才是提升技術的正道！

▶▶ 立即掃描QR CODE ◀◀
進入《流行騎士》Facebook粉絲專頁

TOP RIDER 流行騎士

操駕技巧、旅遊知識到私房秘訣盡在此處

TOP RIDER 流行騎士 大手

大手重車旅遊書籍

越是「膽小」越會騎

作者：根本健

定價：360 元

集前 WGP 車手根本健摩托車人生精華的一冊。雖然給人無所畏懼的天才印象，但一開始其實是個笨拙的膽小鬼，靠著摸索不會害怕的騎乘方式與摩托車調教登上了全日本冠軍，進而挑戰 WGP。這段不是天才的半世紀物語，正是獻給煩惱騎士們的滿滿 KNOW HOW ！

重車旅遊樂活指南

作者：流行騎士編輯部 / 編

定價：380 元

某一天，突然非常想要騎上機車出門。對日常的光景已感到麻痺，想見識一下不一樣的風景。隨性所至，跟著愛車一同馳向遠方吧！親身體驗「不設限」的重機之旅，跟著自己的 GPS 前進；掌握重機出遊重點，一路順暢無窒礙；簡單的飲食運動保健妙招，讓重機人生長長久久。

自由自在的重機騎旅秘笈

作者：流行騎士編輯部／編

定價：350 元

對獨自一人騎重機出遠門感到既嚮往又不安嗎？讓《重機騎旅秘笈》來為你敞開大道吧！無論是行程安排、時間節奏控管的疑慮、道路車況問題的處理、身體疲勞痠痛的消解…各種疑難雜症，本書都能幫助你輕鬆克服！

重機旅遊實用技巧

作者：枻出版社 Riders Club Mook 編輯部

定價：350 元

只要有摩托車、駕照以及安全帽的話，任誰都可以享受騎乘的樂趣，不過光只有這些其實就只是多個交通方式可以選擇罷了。只要學會簡單又容易上手的「技巧」，就可以讓旅遊騎乘更加舒適、安全而且樂趣倍增喔！

TOP RIDER 流行騎士 菁華出版社

訂閱辦法

郵政劃撥　劃撥戶名：菁華出版社　劃撥帳號：11558748

銀行電匯　TEL：(02)2703-6108#230 FAX：(02)2701-4807

匯款帳號：(銀行代碼 007) 165-10-065688

- 掌握 2019 全球最新車款
- 隨時查閱詳細二輪資訊
- 車界、車友必備工具書！

米蘭車展・科隆車展
全球大廠新車款全面收錄

2019 全球最新車款

392頁特厚版!! 近850台!!

元月中旬
NT248
正式上架

華人地區 首屈一指！

國外販售地區：香港、澳門、大陸、新加坡、馬來西亞皆有販售

訂閱專線：02-2703-6108#230

劃撥帳號：07818424

摩托車雜誌社 台北市延吉街 233 巷 3 號 4F

全國唯一五大超商系列同步上架！

ELEVEN FamilyMart OK eslite HESS

全國各大連鎖書局誠品、何嘉仁、金石堂、文具書店、書報攤、重車販售點、精品店同步販售！

\ 華文世界最優質重機雜誌 /
Enjoy Your Bike Life
RIDERS CLUB 獨家中文授權
TOP RIDER
流行騎士
與你跨乘重機傲遊天地
伴你享受最佳騎旅人生
●全球紅黃牌重機最新資訊
●實用滿點的騎旅知識技巧
●重機休旅企劃帶你遊天下
●生動活潑的車聚活動報導
定價：每本148元
長期訂閱：全年12期
148 X 12 =
特惠價只要1480元
發行歷史超過30年的TOP RIDER流行騎士雜誌，自1986年創刊後，即以最豐富的報導、最多元的內容、最專業的解析，深入解讀重機世界的脈動。
7-ELEVEN、各大連鎖書局、網路書店同步販售！

TOP RIDER
流 行 騎 士
劃撥戶名：流行騎士雜誌社
劃撥帳號：14795073
訂閱專線：(02)2703-6108 #230
更多最新資訊
請鎖定
www.motorworld.com.tw
立即掃描QR Code
進入《流行騎士》Facebook粉絲

流行騎士系列叢書
實戰重車戰情局

編　　者：流行騎士編輯部
執行編輯：倪世峰
美術編輯：林守恩、張惠如
文字編輯：林建勳

發 行 人：王淑媚
社　　長：陳又新
出版發行：菁華出版社
地　　址：台北市 106 延吉街 233 巷 3 號 6 樓
電　　話：(02)2703-6108
發 行 部：黃清泰
訂購電話：(02)2703-6108#230
劃撥帳號：11558748

印　　刷：科樂印刷事業股份有限公司
(02)2223-5783
http://www.kolor.com.tw/site/

定　　價：新台幣 350 元
版　　次：2019 年 5 月初版
版權所有　翻印必究
ISBN：978-986-07858-0-7
Printed in Taiwan

TOP RIDER
流行騎士系列叢書